무엇이 개를 힘들게 하는가!

무엇이 개를 힘들게 하는가!

문제행동으로 힘들어하는 반려견과 가족을 위한 책

좋은땅

책을 펴내며…

나는 오랫동안 개들과 이야기 나누는 꿈을 꿔 왔습니다. 개가 인간처럼 소통하는 친구가 되었으면 좋겠다는 소망은 이루어지지 않았지만, 대신 내가 개의 입장이 되어 그들을 바라볼 수 있게 되었으니 감사할 따름입니다. 어린 시절 잠들기 전 '오늘 밤 꿈에 개들이 찾아와 이야기 나눠 줬으면 좋겠다'는 바람은 사람의 언어로 개와 대화하는 꿈을 수 없이 꾸게 해 줬지만, 지금 나에게 개는 인간과 대화하는 인간 같은 동물이 아닌, 순수한 동물 종인 '개'로 자리 잡고 있습니다.

이 책을 펼친 많은 분들도 개가 인간이었으면 좋겠다는 생각, 개와 인간처럼 소통할 수 있었으면 좋겠다는 생각을 해 본 적 있을 겁니다. 이런 생각은 개를 쳐다만 보고 있어도 자연스레 일어나는 감정이긴 하지만, 개와 인간의 사고로 소통하고자 할수록 개와의 소통은 방해받게 됩니다.

나는 그토록 오랫동안 친구로, 동생으로, 자식으로 내 가슴을 달구어 왔던 개들과 제대로 소통된 적이 없었음을 깨달았을 때 인간의 관점을 버리고 개의 관점으로 상대하는 방법에 관심을 가지게 되었고, 소통을 가로막는 벽을 깨부수고자 큰 혼란을 겪은 후의 경험으로 여러분과 이야기 나누고자 합니다. 누구를 설득하거나 가르치기 위해 이 책을 집필한 게 아니라, 내가 경험하고 알아낸 오랜 친구들에 관해 말해 주고 싶은 것입니다.

무엇이 개를 힘들게 하는가!

동족인 사람과도 진솔하게 소통하지 못하는 인간이 어찌 개와 인간의 방식으로 소통하려 하는지에 관한 저의 반문을 담고 있으며, 그런 인간 위주의 생각과 태도가 개들의 삶을 얼마나 혼란스럽게 만드는지에 관해 말하고 있습니다.

개들의 행동과 심리 공부에 열중하던 시절 비중 있는 TV프로그램의 코너를 제안받은 적도 있지만, 부족한 나로 인해 개들에게 나쁜 영향을 끼치게 될까 염려되어 고사하기도 했습니다. 물론 시간이 지난 후 크게 후회되었지만, 여전히 지키고 싶은 자존심 하나는 개들을 속이는 일은 하지 않겠다는 겁니다.

이 책을 읽다 보면 '오아시스'를 만난 듯 갈증이 해소되는 사람이 있고, 개와의 감성적 교류에 흠집이 생길까 거부감이 드는 사람도 있을 겁니다. 여태껏 알고 있던 개와 이 책에서 말하고 있는 개는 전혀 다른 동물처럼 느껴져 심장이 요동치는 혼란이 느껴질 수도 있습니다. 하지만, 한 가지 자신 있게 전하고 싶은 말은 개를 동물의 관점으로 알아가는 일이 여러분의 행복을 해칠 거라는 걱정은 하지 않아도 된다는 점입니다. 운동경기의 룰을 모르는 것보다 알고 관람하는 것이 훨씬 재미있듯, 인간의 관점을 버리고 개들의 입장에서 알아 갈수록 반려생활은 더 행복하고 가치 있어집니다.

SECTION 1에서는 개들이 인간과 살아가면서 가장 중요한 가치로 여기는 '무리근성'과 개를 기르는 사람들이 얼마나 자기중심적인 생각으로 개를 바라보고 있는지에 관한 내용을 담고 있으며, SECTION 2에서는 개를 양육하는 반려인들이 무엇을 잘못하고 있고, 그 잘못된 생각과 행동이 개들의 삶을 얼마나 고통스럽게 만들 수 있는지에 관해 설명하고 있습니다. SECTION 3에서는 신체적 감금과 정신적 감금으로 인한 스트레스를 어떻게 줄여 나갈 수 있는지에 관해 설명하고 있습니다.

개와 사람이 함께 행복한 반려생활은 거저 오는 것도 아니고 다른 사람이 만들어 주는 것도 아닙니다. 반려인이라면 개들의 생각을 읽기 위해 노력하고 개들의 삶을 객관적으로 들여다볼 필요가 있습니다. 이 책에서 제시하고 있는 방법들을 몇 개월만 실천해 나갈 수 있다면 많은 개들이 심리적 불안에서 벗어나 인간 세상을 두려워하거나 과민하지 않게 살아갈 수 있을 거라 확신합니다.

모든 개들이 힘들고 고통스러운 삶을 살아가는 것은 아니기 때문에 이 책은 문제없이 살아가는 개들과 사람들을 위한 책이라기보다 행동문제로 힘겹게 살아가는 개와 그 가족들을 위해 쓰였음을 알려 드립니다.

끝으로 이 순간에도 집을 지키기 위해 온몸을 경직시키고 있을 개들과 가족 없이 혼자 남은 집에서 극도의 불안감에 사로잡혀 울부짖을 개들, 집 밖에서 잠시도 마음 편히 걷지 못하는 개들, 자신의 신체를 뜯고 자르는 심각한 정서적 혼란에 빠져 있을 개들에게 친구로서 이 책을 선물합니다.

무엇이 개를 힘들게 하는가!

목차

SECTION 1.
개에게 인간은 무엇인가

Chapter 1. 개와 인간 '무리'가 되다

Chapter 2. 개의 생각은 당신의 생각과 다르다

SECTION 2.
무엇이 개를 힘들게 하는가

Chapter 6. 개들이 보내는 고통의 신호들

SECTION 3.
어떻게 변화시켜 낼 것인가

Chapter 7. 당신이 변해야 개에게 평화가 온다

Chapter 8. 모든 문제의 근원 '주도권'

Chapter 9. 조금만 더 자연에 가깝게 살게 하라

SECTION 1.

개에게 인간은 무엇인가

Chapter 1.
개와 인간 '무리'가 되다

인간은 '가족'을 원하고 개는 '무리'를 원한다

여러분에게 반려견은 가족입니까? 그렇다면, 반려견에게도 여러분은 가족입니까? 사람은 혈연관계로 이루어진 '가족'을 기반으로 살아가고 개 역시 최초의 한 쌍에서 시작된 가족 단위의 공동체인 '무리'를 구성하고 살아갑니다. 사람은 최소 공동체인 '가족'의 구성을 시작으로 더 큰 공동체인 학교, 회사, 단체 등의 사회 집단으로 활동을 확대하며 살아갑니다. 사회라는 관계 속에서 교류나 협력의 대상을 끊임없이 넓혀 가는 반면, 개들에게는 가족으로 구성된 무리가 사회의 전부로 매듭지어집니다.

개들은 1차 단위인 가족 내에서만 관계를 맺고 활동하는 폐쇄적 형태로 살아갑니다. 사회라는 2차 공동체와 가정이라는 1차 공동체를 따로 가지는 인간과는 달리 개들은 '가족'이라는 공동체 이외의 사회적 공동체를 구성하거나 활용하지 않고 살아간다는 뜻입니다.

바로 이 점이 사람의 사회에서 살아가는 개들에게 혼란을 일으킵니다. 군집동물에게 있어 가족이 곧 사회 공동체인 단위집단을 '무리'라 말합니다. 개들이 함께 살아가는 개나 사람 이외의 다른 대상들과 교류하지 못하는 이유가 '무리근성' 때문입니다. 자신의 무리 구성원이 아닌 다른 개나 낯선 사람들에게 배타적 행동을 할 수밖에 없는 것도 같은 이유입니다.

개들에게 다른 무리와 공유된 생활을 하는 것은 습성에 맞지 않기 때문에, 개들은 자신의 무리 구성원들과 함께 있을 때 다른 존재들의 접근을 허용하지 않으려 하고 그것이 짖음과 싸움이라는 형태의 방어행동으로 표현됩니다.

반려견들은 태어나면서부터 인간에게 속박되는 관계로 개들만의 무리를 이루지 못한 채 살아가게 되는데, 다행일 수도 불행일 수도 있겠지만 개는 인간과도 무리를 이루어 살아갈 수 있는 특이한 존재입니다. 개를 기르는 사람들은 개가 반려가족과 밀착적인 삶을 사는 것이 당연한 것으로 여기지만, 개를 제외한 어떤 동물도 인간을 동족만큼 유대적으로 대하지 않습니다.

사람들이 개를 가족으로 입양할 때의 목적은 삶의 공유입니다. 사냥이나 정탐 등의 생존활동의 공유가 아닌, 인간들이 살아가는 삶의 형태 그대로를 공유하고 싶어 합니다. 우리가 반려견을 입양하는 이유는 타인으로부터는 느낄 수 없는 오묘한 이끌림과 함께 시기와 질투와 간섭에서 벗어나 오롯이 믿고 의지할 존재가 필요하기 때문일 겁니다.

사회적 동물인 인간은 많은 사람들과 관계를 맺고 살아가면서 세상이 만들어 놓은 잣대에 의해 힘들어하고 박탈감에 빠지게 됩니다. 인간이 인간을 힘들게 만드는 사회 구조에서 인간에게 선택되는 새로운 동반자가 '개'인 것입니다. 반려견과 쇼핑이나 여행을 즐기며, 쓸쓸함을 덜어 줄 위안되는 친구로, 온종일 나를 기다려 주는 동생 같은 존재로서의 공유를 원하는 것이지요!

반면, 개들에게 인간이 필요한 이유는 구조적으로 사람 외의 존재와는 '무리'를 형성할 수 없기 때문입니다. 태어나 처음 무리 관계를 맺게 되는 어미와 형제들과는 인간에 의해 생이별하게 되고, 다른 개들과 교류할 기회도 없이 인간의 가정에 갇혀 버리다 보니 유일하게 무리를 맺을 수 있는 존재가 인간밖에 없기 때문입니다.

개들이 무리 짓는 이유는 생존을 용이하게 하기 위함입니다. 그 생존 활동의 핵심은 세력권의 방어입니다. '세력권'이란, 몸을 숨기거나 출산과 양육에 필요한 은신처와 그 인접구역인 '은거지'와 생존터전인 '먹이활동 영역'을 의미하는데 세력권을 지켜 내지 못한다면 결국 생식과 육아를 위한 안전지대가 사라지고 먹이활동이 곤란해지게 됩니다.

여러분의 반려견들이 힘들게 집을 지키는 이유와 산책길에서 다른 개들에게 배타적 짖음을 짖어 대는 이유가 세력권을 방어하기 위함입니다. 짖음이 심한 반려견을 간식을 이용해 완화시키기 어려운 것은 개들은 먹이보다 방어를 우선시하기 때문입니다.

개들은 방어를 위한 협력자들을 필요로 합니다. '협력자'란, 무리를 구성해 함께 방어하고 활동할 존재를 뜻합니다. 그 협력자로 반려가족이 자동선택되고 은신처인 집과 활동영역인 산책길을 함께 방어해 줄 존재로 여기는 겁니다. 같은 공간에 머물고 같은 곳을 탐색하는 존재들이 바로 '무리'이기 때문입니다.

반려견들은 쇼핑과 여행, 자동차 드라이브를 함께 하는 것을 신나하거나 편안해하지 않습니다. 여행지나 쇼핑몰이나 동반카페 모두 자신의 세력권을 벗어난 다른 무리의 세력권이라 여기기 때문입니다. 반려인에게는 '가족'이고 반려견에게는 '무리'인 이 집합체는 오묘하게 맞아들어 가는 듯하지만, 결국 개들의 무리근성에 의한 '짖음'과 '공격성'이라는 복병을 만나게 됩니다.

그렇다면, 반려견은 반려인과 평생 가족 개념으로 살아갈 수는 없는 걸까요? 그렇지는 않습니다. 함께 여행하고, 캠핑을 즐기며, 드라이브하고 여러 가지 일들을 함께하는 것을 '가족활동'으로 본다면 얼마든 공유하게 해 줄 방법이 있습니다. 개들의 무리근성이 극대화되는 사춘기 무렵부터 성성숙기까지의 기간(대략 생후 만 4~10개월) 동안 집 밖에서 만나는 모든 대상들에 대해 먼저 판단하고 나서지 않도록 막아 주면 됩니다.

이 역할은 어미의 역할이면서 무리 주도권자의 역할이기도 합니다. 개들이 무리 구성원 내에서 주도성을 높이지 않도록만 막아 내면 배타성은 감춰지고 방어행동에 나서지 않게 되므로 결국 별 문제 없이 가족활동을 영위할 수 있게 됩니다. 나이 먹은 성견의 경우 더 힘들고 오래 걸리기는 하겠지만, 주도성을 약화시켜 냄으로써 충분히 공유 가능한 상태로 끌어 줄 수 있습니다.

개들이 우리와의 관계를 어떻게 설정하고 살아가는지를 알아야 하는 이유는 개의 생각이 인간의 생각과 같을 수 없기 때문이며, '무리근성'이 개들이 나타내는 행동들의 근원이자 삶의 축이기 때문입니다. 타고난 기질이 유순해 세상을 잘 살아가는 개들도 있지만, 그보다 훨씬 더 많은 개들은 인간 세상에서 평탄하게 살아가지 못합니다. 그러므로, 반려인들은 반려견을 '가족'으로, 반려견은 반려가족을 '무리'로 여길 수밖에 없음을

무엇이 개를 힘들게 하는가!

인정하고 그 간격을 좁히기 위해 노력해야 합니다. 우리의 의식과 관념이 조금 더 융통성을 발휘할 수 있다면, 반려견은 진정한 '가족'이 되고, 반려인은 무엇과도 바꿀 수 없는 '무리 구성원'이 돼 줄 수 있을 테니 말입니다.

멀리 파양당했거나, 다른 곳으로 팔려 간 개들이 목숨 걸고 수백 킬로미터를 떠돌아 집으로 돌아가려는 것만 봐도 개들에게 무리가 '삶' 자체임을 알 수 있습니다. 집 잃은 개들이 필사적으로 집을 찾아가려는 이유는 반려가족을 만나기 위해서입니다. 위험을 무릅쓰고 산과 들과 강과 도로를 지나 특별하지도 않은 반려가족을 굳이 찾아가야 하는 이유는 개에게 '첫 무리'가 되어 주었기 때문입니다. 개는 생애 최초로 무리 맺은 존재를 죽기 전까지 잊지 못합니다. 그러므로 여러분이 반려견의 첫 가족이라면 엄마, 아빠, 누나, 형이 아닌 하나하나의 무리 구성원으로 각인되어 있습니다.

모든 행동은 '주보호자'라 말하는 '베타'의 영향을 받는다

반려견 교육 관련 상담을 하다 보면 자신을 '주보호자', '주양육자'라고 표현하는 분들을 자주 만납니다. 저는 '행동기반교육'을 하는 상담사 겸 트레이너인 관계로 '의인화'를 지양하여 '양육자'라는 용어를 사용하고 있는데요, 반려가정에서 '주양육자'가 반려견의 삶에 어떤 영향을 끼치게 되는지 이야기해 보려 합니다.

'주양육자'란, 마음으로나 행위적으로 많은 걸 주고받는 친밀한 관계에 있는 사람이면서 반려견을 가장 많이 예뻐하는 사람이기도 하고 때에 따라서는 군기반장의 역할도 하는 사람입니다. 가장 많은 접촉과 밀착된 생활을 하면서 반려견의 엄마 역할을 자처한 사람이기도 합니다.

'반려견 행동이론'에서는 '베타(beta)'라 표현하는 주된 조력자에 의해 통제권을 가진 개체가 만들어지는 것으로 간주하며 최상위 주도권자의 장악력은 곧 베타의 역할이 어떠하냐에 영향받는 것임을 명확히 하고 있습니다. 여러분 가정의 반려견이 가족을 겁박하거나, 시도 때도 없이 짖으며 조르거나, 손님의 출입을 제한하거나, 분리불안에 걸려 있다면 이미 통제권을 행사하고 있는 것입니다. 반려견이 통제권을 가졌다는 건 가정 내에 베타가 존재함을 의미하고, 베타는 가장 밀착적인 존재이면서 통제권을 유지하는 데 혁혁한 도움을 주는 '주양육자'입니다.

'주양육자'에 의한 개들의 행동문제는 짖고 무는 등의 통제행동으로만 드러나는 것은 아니고, 두려움, 불안, 공포 등의 행동으로도 표현되므로 '주양육자'의 역할은 급식과 산책을 담당하고 병원 진료비나 유치원 등록비를 부담하는 것에서부터 개의 행동과 심리적 부분까지 담당해야 하기 때문에 생각보다 폭넓습니다. 개들의 문제행동과 심리적 고통을 방치한 채 다른 것들을 아무리 잘 챙긴들 진정한 의미에서의 '주양육자'는 될 수 없습니다.

누군가가 반려견과 유착된 생활을 하면서도 훈육하지 않게 되면 유착된 사람을 '혁혁한 조력자'로 인식하여 가족구성원 내에서 반려견의 주도성

무엇이 개를 힘들게 하는가!

이 높아지게 됩니다. 개들은 유착된 조력자를 가지지 못한 상태에서는 무리 구성원 간 투쟁이나 통제행위를 하지 못하는데, 조력자의 도움 없이는 통제권이 형성되지 않기 때문입니다. '주양육자'의 역할이 반려견과의 생활에서 주도적인 리더일 경우, 반려견의 행동은 특별한 문제를 일으키지 않지만, 개를 조력하고 추종하는 역할에 머물 경우, 반려견은 그 한 사람의 영향만으로도 방어와 통제를 책임지는 힘겨운 삶을 살아가게 됩니다.

'주양육자'는 가장 밀착되고 유착되어 있는 한 사람을 의미하지만, 반려견의 입장에서는 얼마든 주된 조력자를 바꿔치기 할 수 있습니다. 가정의 주도권을 반려견이 확보하고 있는 상황에서, '주양육자'가 혁혁한 조력자로서의 역할을 거부할 경우, 그다음 믿을 만한 사람에게 밀착을 시도하면서 새로운 조력자로 활용해 내기 때문입니다. 평소 소원한 관계에 있었던 사람도 반려견이 천진난만한 표정으로 꼬리 흔들고 따라다니며 안기려 하는 걸 좋아하지 않을 리 없기 때문입니다.

'양육'은 기른다는 의미이지만, 그 속에는 '잘 기른다'는 의미가 내재되어 있습니다. 잘 기른다는 말은 가정이나 사회에서 올곧게 살아가도록 기른다는 의미인데, 혹시 여러분의 반려견들은 가정에서 올곧고 집 밖에서 바르게 행동하고 있는가요? 만약, 그렇다면 '주양육자'의 역할은 어미개에 가까우며, 그렇지 못하다면 '주양육자'에 의해 강아지의 품성이 엉망이 된 것이므로 '베타'의 역할을 하고 있는 것입니다.

자식을 사랑하는 부모는 형식보다 마음을 우선시하고, 새끼를 기르는 어미개도 겉으로 예뻐하기보다 마음으로 걱정합니다. 부모의 역할도 아니고 어미의 역할에서도 벗어나 있다면, '주양육자'는 그냥 개의 소유자일 뿐입니다.

여러분은 반려견에게 침대나 소파에서 물리거나 위협받은 적이 있습니까? 혹시 그때 다른 가족이 반려견과 먼저 침대나 소파를 사용하고 있지는 않았습니까? 그렇다면 반려견은 '베타'와 그곳에 올라가 있었기 때문에 다른 가족을 위협한 것입니다. '주양육자'가 '베타'의 역할을 하게 되면 집 안에서 '전망대'라고 불리는 침대나 소파에 대한 점유권을 드러내게 되는데, 맨 처음에는 '주양육자'의 방에서 침대에 함께 있거나, 소파에 같이 머물고 있을 때 다른 가족이 함께 사용하려거나 반려견 또는 주양육자'를

무엇이 개를 힘들게 하는가!

만지려고 할 때 화를 냅니다.

그로부터 얼마 지나지 않아 주양육자 외의 다른 가족과 침대나 소파에 있을 때도 다른 사람의 접근을 제한시키려 합니다. 이 행동은 점유권을 가진 반려견이 침대와 소파를 사용할 규칙을 처음에는 자신과 '베타'로 제한하다 나중에는 자신과 다른 한 사람까지만 사용하는 것으로 바꿨기 때문입니다.

침대나 소파에서의 통제행위는 주도권을 가진 반려견과 베타의 공조주도성을 드러내는 것이며, 자신이 사용할 때에는 혁혁한 조력자 외에는 사용하지 못하도록 하는 전망대의 점유권을 행사하는 행동입니다. 베타 역할의 양육자가 없는 반려견에게 이런 행동은 나타나지 않습니다.

또한, 손님의 방문이나 외부 기척에 대한 짖음은 '주양육자'가 함께 있을 때에는 자신 있고 과감하지만, 관계가 좋지 않은 가족과 단둘이 있을 때는 짖음의 강도가 약해지는 현상을 보이기도 하는데 '주양육자'는 믿을 만한 조력자로 여기고, 친하지 않은 가족에게는 조력받지 못할 수 있다 여기기 때문입니다.

산책에서의 짖음과 공격성, 흥분된 행동도 '주양육자'와 걸을 때 더 심하게 나타나며, 집에 혼자 남지 못하는 분리불안도 '주양육자'가 사라졌을 때의 심리 동요로 촉발됩니다. 강아지유치원에서 다른 개들과 잘 어울리던 반려견이 '주양육자'가 나타남과 동시에 어울리지 못하는 개로 돌변하기도 하며, 다른 개나 사람을 물지 않던 반려견이 '주양육자'와 밀착되어 있을 때 물림 사고를 일으킬 확률이 높습니다.

　가족 통제, 짖음, 산책 짖음, 분리불안, 공격성, 신체자해 등의 행동은 가정 내에서 높은 주도성을 가진 개들에게서 나타나는 주도행위들입니다. 그런 개가 되도록 만든 사람이 바로 '주양육자'입니다. 문제견을 만들어 낸 '주양육자'는 '조력사' 노는 '추종자'에 지나지 않습니다.

　밀착 대상을 가진 개는 힘을 가지게 되고 생활 전반의 여러 상황들에서 주도성을 높여 가게 됩니다. 개에게 있어 누군가와 밀착한다는 것은 곧, 자신을 도울 존재를 만들어 놓은 것입니다. '접촉을 시도하는 존재는 강자가 되고, 접촉을 막지 못하는 존재는 약자가 된다!'라는 포유동물의 습성 그대로 반려견과 가족 간 접촉주도에 의한 힘의 원리가 작용되어 온 겁니다.

　시도 때도 없이 안고, 무릎에 올려놓고, 언제 어디서든 곁에 가까이 붙여 놓으려는 사람, 접촉주도성을 상실한 '주양육자'에 의해 개는 통제자의 고달픈 삶을 시작하게 됩니다. 개의 일생을 심각하게 망가뜨릴 수 있는 사람도 '주양육자'이고, 세상 편한 개로 만들어 줄 수 있는 사람도 '주양육자'입니다.

　좋은 양육자가 되려면 잘 보살피는 것으로 만족하지 않고, 반려견의 삶을 평온하고 올바르게 이끌어 갈 책임을 최우선으로 삼아야 합니다. 반려견을 사회친화적인 존재로 길러낸 사람은 칭송과 존경을 받을 것이고, 사회에 불편을 끼치는 존재로 길러낸 사람은 지탄받게 됩니다. 그러니, '보호자'라는 표면적 관계에 머물지 말고 올곧게 길러 내야 할 책임을 진 사람, '양육자'가 되세요! 그리고, 세상을 가르치는 어미로서의 '주양육자'가 되세요!

당신은 똑똑하지만, 결국 개에게 주도당한다

개를 가르치는 것은 곧, 개를 기르는 것입니다. 양육의 범위 안에 교육은 포함되어 있는 것이므로, 가르치는 행위 자체는 곧 잘 기르기 위한 양육과정의 일부분인 것입니다. 그렇다면, TV나 유투브 또는 영화에 출연하는 말 잘 듣는 개들을 가르친 사람과 말 안 듣는 반려견을 가르치는 여러분과의 차이는 무엇일까요? 누가 주도하고, 누가 맞추고 있는지의 입장 차이입니다.

개를 기르는 사람들 중 자기 반려견에 비해 자신이 똑똑하지 않다 생각하는 사람은 단 한 명도 없을 겁니다. 그런데 여러분 반려견도 그 점에 동의하고 있을까요? 반려인들은 개들이 얼마나 대단한 생존전략을 지니고 있는지 생각조차 하지 않지만, 반려견들은 반려가족 하나하나의 성격과 특성, 활용범위 등을 세밀하고 정확하게 파악하고 살아갑니다. 반려인들은 반려견을 가르치기 위해 온갖 정보를 탐독하고 교육센터에 큰 비용을 지불하고 트레이닝법을 전수받기도 했을 겁니다. 많은 시간과 노력을 투자해 가르치고자 했지만, 반려견이 여러분의 의사를 수용하지 않거나 화내는 모습을 보인다면 가르치고 있는 게 아닌, 가르침을 받고 있는 입장일 수 있습니다.

양육자가 간식을 든 손을 높이 올리고 "앉아!"라고 말했을 때 반려견이 앉았다면, 여러분의 손에 든 간식과 바닥에 엉덩이 붙이기의 'Deal(거래)'이 이루어진 게 맞습니다. 그런데, "앉아!"라는 말을 하기도 전에 반려견이 여러분 앞에 앉아 있고, 그 행동에 "잘했어!"라며 간식을 주었다면 누가 누구를 가르치고 있는 것입니까? 여러분이 가르치고 있는 게 아니라, 반려견이 여러분에게 "이렇게 엉덩이를 바닥에 붙이고 있으면 내 입에 간식을 넣어 주는 거야!"라고 가르치고 있는 것입니다.

집에 방문한 손님이나 바깥 소리에 현관으로 뛰어나가 짖고 있을 때, 여러분들은 "조용!", "괜찮아!"라며 다가가 붙잡거나 안아 올리는 방식으로 짖으면 안 된다는 것을 가르치고 있지만, 그럴수록 짖음이 더 강해진다 느껴지지 않던가요? 여러분은 안아 올리면서 '짖으면 안 되니 진정하고 말 들어'의 뜻을 전달하고 있지만, 반려견은 현관으로 달려 나갈 때부터 여러분에게 "누가 쳐들어오고 있어! 다들 현관 앞으로 달려 나와 힘을 합해야 해!"라고 말하고 있습니다. 방어 상황에서의 밀착은 공조 태세로 인식되므로, 반려견 곁에서 말을 걸거나 안아 올리는 행동을 하게 되면, 반려견의 입장에서는 방어의 협력이 매우 잘 이루어지고 있다 여기게 됩니다. 얼른 방어태세를 갖추고 밀착하자는 신호를 짖음과 눈빛으로 전달했고, 여러분은 충실히 따른 것입니다.

무엇이 개를 힘들게 하는가!

산책 때 너무 끌어당기고 우왕좌왕 걷는 반려견에게 여러분은 분명 천천히 가자고 수도 없이 말하고 가르쳐 왔을 것입니다. 그런데도 반려견은 내일도 모레도 끌어당기기를 계속한다면 가르친 게 아니라 이끌려 다닌 것이고, 엘리베이터 안에서나 길을 걸을 때 낯선 사람이나 다른 개를 보고 짖고 달려드는 행동에 화도 내 보고 산책을 중단하기도 하고 줄을 힘껏 당겨보기도 했지만 말을 듣지 않거나 더 심해지고 있다면, 여러분은 반려견을 가르치지 못한 것이며, 가르칠 수 없는 상태에 있는 것입니다.

그런 상황에서도 반려견은 외부에서 무리가 어떻게 이동하고 적을 탐색하는지를 '앞장서 걷기'와 '다른 개의 마킹 확인'을 통해 알려 주고 있었습니다. 그러다 마주 오는 사람이나 접근하는 다른 무리의 개를 어떻게 쫓아내는지도 매일 여러분에게 알려 주고 있습니다. 개의 짖음은 '집단행동'에 의한 것입니다. 여러분이 반려견의 산책 짖음을 완화시키고자 한다면 뭉쳐 다니지 말아야 하는데, 현실적으로 개를 혼자 내보낼 수는 없는 노릇이니 뭉쳐 있더라도 동조하지 않을 것임을 명확히 전달해야 합니다.

무분별하게 냄새 찾는 것을 허용하는 행동과 걷기 싫어 버틸 때 기다려 주거나 안아 주는 행동, 산책에서의 진로를 반려견이 정하도록 하는 행동 등은 이미 판단권한이 반려견에게 있음을 반려인 스스로 인정하는 것입니다.

여러분은 반려견이 음식 앞에서 예민한 행동을 하지 않도록 하기 위해 '하우스에 들어가게 한 뒤 간식 주기', '기다리게 한 뒤 간식 주기', "먹어!'라는 신호 뒤에 먹게 하기' 등의 방법으로 가르쳐 왔을 겁니다. 수개월을 가르쳤음에도 하우스나 켄넬박스 안에서 간식이나 물건을 지키기 위해 공격적인 반응을 보이지는 않습니까? 침대나 소파, 쿠션에서 오래 먹는 간식을 뜯고 있을 때 다가가면 위협하지는 않습니까?

음식이나 점유물 앞에서 여러분에게 가르치고자 하는 것은 강자의 것을 건드리거나 접근하는 건 매우 위험하다는 것입니다. 아무리 지극정성과 사랑으로 길러 왔더라도 반려견들은 그들이 가지고 있는 본성 그대로의 질서를 요구합니다. 주도성이 높은 개라면 타격을 통해 가르치려 할 것이고, 주도성이 낮은 개라면 실룩거리거나 노려보는 정도로 그칠 것입니다.

개들의 생각을 고려하지 않고 대하게 되면 개도 사람의 입장을 고려하지 않고 행동하게 됩니다. 어쩌면 인간이 너무 고등한 동물인 이유로 허용과 놀아 주기에 빠져 있을지 모르지만, 아무리 똑똑한 사람일지라도 개들의 생각을 읽지 못하면 반려생활은 반려인이 아닌, 반려견이 주도하게 됩니다. 사람은 개를 모르고 기르지만, 개는 사람을 너무도 잘 알고 상대하기 때문입니다.

문제행동은 인간과 무리를 이룬 개들에게서만 나타난다

여러분들은 혹시 집 없이 떠돌아다니는 개를 본 적 있는지요? 떠돌이 개는 인간과 무리 공동체를 만들지 않았거나 유지하지 못한 채 살아가는 개들입니다. 사람의 보호를 받지 않는 떠돌이 개들에게서는 정서적 문제나 과민 행동들이 나타나지 않습니다.

도시의 떠돌이 개들은 자기영역을 설정하지 않고 살아가므로 길에서 마주치는 산책 나온 반려견들에게 적대적으로 행동하지 않으며 은거지를 지키기 위해 투쟁하지도 않습니다. 문제가 생기면 다른 곳으로 옮겨 가면 될 일이기 때문입니다. 방어할 곳도 없고, 지켜야 할 것도 없는 개들은 위협적으로 짖을 일이 없고, 위험을 무릅쓰고 투쟁할 일도 없습니다. 여러분이 야산이나 들에서 위협적으로 짖는 개를 만났다면 그 개는 진짜 떠돌이가 아니라, 인근에서 사람에 의해 길러진 개입니다. 풀숲에 새끼를 낳아 기르는 떠돌이 어미개도 위협적일 만큼 짖어 대지 않습니다.

반려견의 경우, 집이라는 견고한 은신처와 그 인근을 세력화하면서 무리 구성원들과의 집단행동을 시도하므로 '도피'가 아닌, '방어'를 주된 생존전략으로 사용하는 정반대의 모습을 보입니다. 반려견들의 경우 의식주가 집 안에서 해결되므로 자기영역의 핵심부인 집을 버리고 도망갈 수 없기 때문입니다. 집에 혼자 남겨진 반려견이 반려가족과 함께 있을 때에 비해 외부 소리에 짖음이 약해지거나 짖지 않는 이유가 '동조세력'의 부재로 집단행동이 불가능한 상태에 처해졌기 때문입니다. 혼자 남겨진 반려견은 방어가 아닌, '없는 척하기'나 '숨기' 등의 도피전략을 사용할 가능성이 높습니다.

　감금에 의한 문제인 '분리불안'은 가족과 이웃, 반려견 스스로에게 엄청난 고통을 일으키게 되는데 '분리불안'은 갇혀 지내는 개들에게서 나타나는 일종의 '강박행위'입니다. 집이나 자동차에 혼자 갇혀 있어야 하는 일은 멀어진 가족과 합류할 수 없는 혼란을 일으키게 되어 분리불안으로 표출되는 것이므로, 떠돌이나 야생의 개들에게서는 나타날 수 없는 행동입니다. 반려견들이 갇힌 공간을 벗어날 수 있다면, 분리불안 행동은 나타나지 않습니다. 시골에서 풀어놓고 기르는 개들이 가족이 있든 없든 신경 쓰지 않는 것도 감금당하지 않고 살아가기 때문입니다.

　마음이 풍요로운 반려생활을 위해 도시에서 시골로 이주한 가족이 있었습니다. 그런데 얼마 지나지 않아 반려견이 집을 뛰쳐나가 온 동네의 농작물을 훼손시킨 일로 도움을 요청해 왔는데, 가족분들은 저에게 "산책을 덜 시켜 주고 집에서 덜 놀아 줘서 그런 거겠죠?"라고 물으며 원인을 운동 부족으로 추측하고 있었습니다.

　하지만, 저의 대답은 "산책을 너무 자주 시키고 집에서 너무 놀아 주어 그렇습니다!"였습니다. 평소 운동을 시켜 주지 않아 동네 곳곳을 뛰어다니는 게 아니라, 산책만 나가면 흥분되게 끌어당기고 당기면 같이 뛰어 주고를 반복해 왔고, 집 안에서도 뛰고 흥분하도록 습관을 들여 왔기 때문입니다. 어려서부터 집 안에서 차분하게 대하지 않았고, 산책길이나 공원에서 흥분을 부추겼거나 막아 주지 못했기 때문에 나타난 문제입니다. 산책과 운동은 양이 아닌, 질의 문제입니다.

이처럼 개들의 행동문제는 개를 인간의 삶에 끌어들여 놓고 그 관계를 제대로 설정하지 못한 부주의와 개들이 살아가는 방식에 대한 무지함에 그 원인이 있습니다. 인간의 생활방식대로 살아가도록 만들려는 시도는 감금과 부자연의 삶에 깊숙이 몰아넣는 것입니다. 개들은 갇히거나 묶인 상태에서 불안과 강박행위를 보이게 되고, 경계와 방어를 책임지는 신세로 살아가게 됩니다. 여러분이 눈으로 보고 귀로 듣는 개들의 모든 행동문제는 '방어의 책임'과 '주도적 판단'에 기인합니다.

사람의 개입 없이 개들끼리만 무리를 이루고 살아가는 '들개 무리'와 '야생 무리'에서는 강박증, 분리불안, 신체 자해와 같은 정서적 문제가 나타나지 않으며, 그들이 세력권을 가지고 있다하더라도 여러분의 반려견만큼 조급하게 짖거나 사소한 것에 과민반응하지 않습니다.

개를 인간의 집에 감금한 채 살도록 할 수밖에 없다면, 문제행동이 나타나기 전부터 반려인이 반려견에게 끼치는 영향에 관해 깊이 고민해야 합니다. '무조건 허용'과 '무조건 배려'는 개 무리에서는 찾아볼 수 없는 것들입니다. 야생의 개들이 여러분의 반려견과 많이 다를 것이라는 생각은 하지 마세요! 그 둘의 차이는 생각보다 아주 적고, 그 둘은 생각보다 아주 많이 닮아 있습니다. '개의 자발적 진화'는 멈춘 지 오래되었습니다.

반려인들이 반려견들의 무리근성과 행동심리를 공부하지 않고 방임에 가까운 양육을 하게 되면, 짖고 싶지 않은 개를 짖게 만들고, 싸우고 싶지 않은 개를 공격적인 개로 만들어 버립니다. 처음부터 짖고 싶고 싸우고 싶은 개는 없습니다. 여러분의 반려견이 되지 않았다면, 짖지 않고 싸우지 않는 평화로운 개로 살고 있을지 모를 일입니다.

사춘기도 겪지 않은 하룻강아지가 당신 무리의 대장이 된다

여러분은 '사춘기'라고 하면 무엇이 떠오르는가요? 저의 사춘기는 고독, 이성, 저항, 죽음으로 추억되고 있습니다. 중학생이 되던 무렵 혼자 있는 게 더 편하다는 생각이 들면서 두더지처럼 해가 비치지 않는 곳을 좋아하고, 버스정류장에서 버스를 기다리는 또래 여학생을 볼 때면 심장을 통제할 수 없었으며, 어른들의 충고나 조언을 고마워하기보다 간섭으로 여겨 불쾌한 티를 내고, 또래의 남학생들이 째려보면 나를 만만하게 보는 듯하여 화가 치밀어 올랐으며, 밤낮으로 인간의 삶과 죽음에 대해 고민하기도 했습니다.

사람마다 차이는 있겠지만, 사춘기 반응이 어른으로 변모되는 과정이라는 점은 동일합니다. 개들의 사춘기도 인간과 마찬가지로 성성숙기를 거쳐 어른이 되어 가는 과정입니다. 정신이나 신체의 성장속도는 다를지라도 사춘기를 겪으면서 어른이 되고, 유년기의 행동에서 어른스러움으로 변화를 시작합니다. 개도 사춘기가 되면 그 시기에 적합한 상태로 변화가 일어나게 되는데, 이런 변화에는 자기 스스로 하는 것과 성체들에 의해 학습되는 것이 있습니다.

사춘기가 된 개들에게 가장 두드러진 변화는 배타성이 높아지는 것입니다. 배타성은 아군과 적군을 명확히 구분함으로써 자기방어를 하게 되는 심리적 상태를 의미합니다. 그 다음으로 변화되는 것은 유아기 행동의 축소입니다. 유아기 행동이란, 어린 강아지들이 사냥, 도주, 전투 등에 필요한 신체활동을 놀이 형태로 하는 것을 말합니다. 사춘기에 접어들면서 놀이 형태의 유아기 행동들이 축소되고 성체들의 탐색에 동참할 준비를 갖춥니다.

　발정기의 암캐를 따라다니거나 아무 개에게나 매달려 교미행위를 흉내 내기도 하고, 사춘기 기간일지라도 '성성숙'이 일어난 경우 교미를 하기도 합니다. 성체들에 의해 무리 내의 질서를 요구받는 일도 이때 더 많아집니다. 사춘기 말미에는 성체들을 따라 탐색도 나서면서 고달픈 먹이활동을 시작하게 됩니다.

　가만히 보면, 인간의 사춘기나 개의 사춘기가 크게 다르지 않음을 알 수 있습니다. 어린아이가 사춘기가 되면 어리광 부리는 것을 스스로 줄여 가고, 사회 규범과 질서를 더 엄격하게 요구 받게 됩니다. 호르몬 분비에 의해 자기 스스로의 행동 변화가 일어남과 동시에 성체들의 간섭을 통한 행동학습도 일어나는 것입니다.

　사춘기 시기 성체들의 간섭은 무리의 존속을 위한 질서를 요구하는 것이므로, 어미의 훈육을 받아 오던 것과는 달리 매우 강력한 통제와 신체적 제압을 경험하게 되기도 합니다. 여러분은 사춘기 시절 어떤 이유로

무엇이 개를 힘들게 하는가!

간섭받거나 제재 당했습니까? 어른 말을 듣지 않는 것, 부모에게 순응하지 않는 것, 남의 물건을 훔치는 것, 친구나 다른 사람을 괴롭히거나 싸우는 것, 사회에 적응하지 못하는 이유 등이 아니었던가요? 공교롭게도 사춘기의 개들 또한 동일한 이유로 어른들로부터 통제받습니다.

그렇다면 개를 기르는 사람들은 어미와 성체들을 대신해 사춘기가 된 반려견이 질서를 지키도록 가르치고 통제해야 할 의무가 있지 않을까요? 어미나 어른개들이 청소년기의 개들에게 가르치고자 하는 질서교육이 의미 없는 일이 아니라면 그들의 방식대로 필요한 제재를 가해야 하지 않을까요? 만약, 여러분이 반려견을 자식이라 여긴다면, 여러분에게 자식을 빼앗긴 어미를 대신해 사춘기 훈육을 책임져야 할 의무가 있지 않습니까? 훈육하지 않을 핑계를 찾기보다 해야 할 이유를 먼저 생각해야 합니다.

사춘기 교육은 어미가 새끼를 가르치는 사회화기 훈육의 연장선에 있습니다. 여러분 반려견에게 질서를 가르치지 않으면 세상을 대하는 방식도 서로를 대하는 방식도 제대로 배우지 못한 미성숙한 존재가 가정을 이끌어 가게 됩니다. 유아기에서 사회화기, 사회화기에서 사춘기, 사춘기에서 성인기로의 순서를 밟지 않고, 사회화기에서 성인기로 점프한 상태로 살아간다면 정상적인 정신 상태로 살아가는 게 아닙니다.

여러분이 반려견을 끊임없이 아기 강아지로 대한다면 사춘기를 넘어가지 않은 상태로 평생을 살도록 조작하는 것입니다. 가만히 두기만 해도 스스로 사춘기를 거쳐 어른이 될 수 있었음에도 반려가족이 만지고 부르고 장난을 치는 것 때문에 사춘기도 제대로 겪어 보지 못한 상태로 살아갑니다. 반려견들 정신의 일부는 여전히 세상을 제대로 익히지 못한 사춘기 이전의 사회화기에 머물러 있습니다. 그 아기 같은 존재가 영역을 방어하고 가족들의 행동을 통제하며 살아갑니다.

사람들의 눈에는 어리고 약한 존재로 보일지라도, 방심하는 사이 강아지는 매우 빠른 속도로 대장의 면모를 갖추게 됩니다. 제아무리 겁 많고 소심한 강아지일지라도 가정의 주도권자가 되고도 남습니다. 겁쟁이로 태어나 가정에서만 천하무적인 '쫄보대장'은 강한 존재들에게는 매우 굴종적이지만, 만만한 존재에게는 과한 통제력을 행사하려 합니다. 여러분이 그 '만만한 존재'가 되지 않기를 진심으로 당부 드립니다.

무엇이 개를 힘들게 하는가!

개가 당신에게 무리의 질서를 가르치려 한다

예전에 한 반려가정과 상담할 때의 일입니다. 반려견이 수시로 가족을 공격하다 보니 말이 반려견이지 개를 제대로 한 번 안아 줄 수도, 얼굴을 쓰다듬어 줄 수도 없는 지경이었습니다. 가족을 대하는 반려견의 태도가 너무 무례해 보여 양육자분께 "어떻게 이런 개를 예뻐하고 있습니까?"라며 핀잔을 주었더니 돌아온 그분의 대답이 진정 웃기면서 슬펐습니다. "선생님, 우리 강아지는 물지만 않으면 정말 착한 반려견입니다."

개의 행동 중 가장 나쁜 행동이 가족을 공격하는 것이고, 가장 착한 행동이 사람에게 온순한 것인데 어떻게 상습적으로 무는 개를 착한 개라 여길 수 있는 것일까요? 이런 생각의 내면에는 강아지는 다 착한데 사람이 뭔가 잘못해서 그런 행동을 한다거나, 개들의 스트레스 신호를 사람이 제대로 읽지 못해 물게 된 것이라는 생각이 들어 있습니다. 사람에게 보살핌을 받고, 온갖 애정을 주고받는 반려견이 별 대수롭지도 않은 일로 가족을 공격하고 있음에도 그 책임은 반려견이 아닌, 사람의 '판단 실수'에 있다고 생각하는 반려인들이 많습니다.

이런 생각들은 저의 관점에서는 완전한 착각으로밖에 여겨지지 않는데요, 개가 왜 상대를 공격하는지, 왜 상대에게 으르렁대는지를 조금만 생각해 보면 알 일인데, 일부의 사람들은 반려견의 명확한 잘못을 지적하는 것마저도 자신의 잘못을 전가하는 것처럼 여겨지나 봅니다. 하지만, 반려견이 반려가족을 위협하고 공격하는 이유와 함께 사는 다른 개에게 으르렁대고 공격하는 이유는 같습니다.

개들은 왜 사이좋게 지내지 않고 함께 사는 개나 사람에게 화를 내는 것일까요? 단순히 말해 원하는 게 있다는 뜻이고, 다르게 말해 자기 마음에 들지 않는 행동을 하지 말라는 것입니다. 여러분의 반려견들이 여러분에게 으르렁대거나, 물려고 달려드는 상황이 혹시 간식이나 좋아하는 물건을 가지고 있을 때, 소파나 침대에서 다른 누구와 둘이 붙어 있을 때, 얼굴 주위나 앞발을 건드릴 때, 하네스나 옷을 입히거나 리드줄을 매고 풀 때, 짖음과 싸움을 말릴 때, 누군가에게 안겨 있거나 무릎에 올라가 있는 상황에서 만지려고 할 때, 자고 있는 상태에 건드릴 때, 소리 지르고 혼내려 할 때가 아닌가요?

이 외에도 반려견이 공격하게 되는 상황은 다양하지만, 열거된 상황들은 개가 개를 통제하는 일반적인 상황들입니다. 여러분의 반려견이 다른 개를 통제하듯 여러분을 통제하고 있다는 뜻입니다. 제가 구축하고 다루는 '반려견 행동이론'에서는 사람의 손이 곧 개의 입으로 간주됩니다. 개들이 입으로 하는 모든 행위를 사람들은 손으로 하고 있기 때문입니다. 손으로 물건을 집어 들면 개의 시각에서는 물어 올린 것이 되고, 손으로 개를 쓰다듬으면 핥는 것이 되고, 손에 음식을 잡고 있으면 입에 물고 있는 것이 되고, 움켜잡으면 무는 것이 됩니다.

가족을 무는 상황들에서 중요하게 여겨야 할 점은 모든 상황들에서 사람이 개에게 손을 사용하고 있다는 점입니다. 반려견이 가지고 있는 음식

무엇이 개를 힘들게 하는가!

이나 물건에 손을 가져다 대는 것은 다른 개의 입이 그것을 빼앗으려 하는 것으로 여기게 되고, 강자들의 전망대로 일컫는 침대나 소파에서 누군가와 밀착해 있을 때 다가온 사람이 만지려 하는 것도 입을 가져다 댄 것이며, 얼굴을 긁어 주는 행동은 상대가 이빨을 입 주변에 가져다댄 것으로 오인되며, 앞발을 움켜잡으면 입으로 발을 물고 있는 것이고, 리드줄을 매고 푸는 행동도 반려견의 목덜미에 불쾌한 입놀림이 일어난 것입니다.

사람들은 반려견을 마냥 어린애 대하듯 하지만, 가족을 공격하는 행동은 어린애들의 어리광도 투정도 아닌, '가르치기'의 범주에 속합니다. 개들은 다른 개를 가르칠 때에 사용하는 중요한 3가지 수단이 있는데 첫째는 으르렁이고, 둘째는 밀어내기이며, 셋째는 물기입니다. 이 세 가지는 통제의 3단계로 분류되며, 가장 강력한 통제가 바로 물기인 공격행동입니다. 개가 개에게 통제를 가하는 일들은 정해져 있습니다. 시도 때도 없이 으르렁대고 밀어내고 무는 것이 아니라, 무리를 이루어 살아가는 과정에서 필요한 질서를 가르치기 위해 통제를 가합니다. 동물 간 통제행위는 인간의 관점에서 '가르치기'입니다.

무리 공동체 내에서 어린 강아지가 성체들을 어떻게 대해야 하는지, 약자가 강자에게 어떤 행동을 하면 안 되는지, 강자가 약자를 통제할 때 지켜야 할 선이 어디까지인지에 관한 가르치기는 일상적으로 일어납니다. 반려인들은 자신이 집안의 질서를 가르치고 있다 생각하지만, 실은 반려견이 으르렁과 공격으로 반려가족에게 개들 사회에서의 질서를 가르치고 있는 경우가 허다합니다.

여러분이 어떤 행동을 했을 때 반려견이 으르렁거린다면, 잘못된 행동이니 멈추라는 신호이고, 갑자기 공격받았다면 여러분의 행동이 지켜야 할 선을 넘었음을 가르쳐 주고자 하는 것입니다. 반려인이 큰 잘못을 했거나, 반려견의 스트레스 신호를 눈치채지 못해 물리는 것이 아니라, 반려견이 여러분을 오래전부터 가르쳐 왔음에도 행동을 바꾸지 않았기 때문입니다. 으르렁이나 실룩거림을 통해 여러 번 가르쳤음에도 말을 듣지 않는 사람이기 때문에 물고 흔들어 주어 알아듣게 하려는 것입니다.

반려견을 훈육시키고 안 시키고는 개인의 라이프스타일이 아닌, 개를 가르치는 사람이 될 것인지, 개에게 가르침을 받는 사람이 될 것인지에 관한 선택임을 잊지 마세요!

무엇이 개를 힘들게 하는가!

Chapter 2.
개의 생각은 당신의 생각과 다르다

사람이 개와 나누는 대화는 인간의 언어로 전달되지 않는다

인간의 소리신호는 매우 다양하고 세밀하게 발달해 왔습니다. '언어'라는 체계화된 소통수단을 통해 상대방에게 생각과 감정과 느낌을 명확히 전달함은 물론, '웃음', '울음', '괴성', '비명' 등 동물로서의 본성적 소리들도 그대로 유지하며 살아갑니다.

그에 반해 개의 소리신호는 '언어'의 영역에 들어서지 못하고 소리의 파장이나 강약을 이용한 감정 전달의 수준에 머물러 있습니다. 사람이 개에게 건네는 말들이 어떻게 전달되는지 알기 위해서는 개들의 소리신호 체계를 이해할 필요가 있는데, 개들 간 주고받는 소리가 언어의 영역에 도달해 있는지 아닌지 판단할 근거가 될 것입니다.

평생 개들을 관찰하면서 개가 다른 개에게 전달하는 소리신호를 5가지밖에 확인하지 못했는데, 그 5가지 소리를 근거로 사람의 말과 비교해 보겠습니다.

개들이 주고받는 소리신호의 첫 번째는 '으르렁'입니다. 으르렁은 상대에게 불쾌감을 전달하는 제어의 신호로 상대가 자신의 점유물에 접근하거나, 무례한 접촉을 가하거나, 행위를 방해할 때 나타내는 소리입니다.

두 번째는 '짖음'입니다. 짖음은 방어를 위한 목적으로 사용되기도 하지만, 으르렁과 동일한 목적으로 단발성 짖음이 자주 사용됩니다. 세 번째는 '낑낑댐'입니다. 낑낑 소리는 불안을 느꼈을 때 작게 내는 경우도 있지만, 다른 개에게 자신의 처지나 도움을 목적으로 하는 경우가 있습니다.

네 번째는 '하울링'입니다. 하울링은 혼자 있을 때도 나타나고 여럿이 정적인 상태로 머물 때도 나타나는데, 하울링은 하나의 상대를 향할 수도 있고, 불특정 상대를 향할 수도 있습니다. 다섯 번째는 '헥헥거림'입니다. 혀를 내밀고 숨소리를 짧고 빠르게 '헥헥'거리는 소리는 적의가 없고 투쟁이나 방어의사가 없음을 전달할 때 사용되는 수단입니다.

그 외에 개가 내는 소리들로는 위급한 상황에 직면했을 때의 '비명'과 통증을 느꼈을 때 '깨갱'거리는 소리, 두려움이나 긴장이 일어났을 때의 '끙끙'대는 듯한 소리가 있는데, 이 소리들은 소통신호가 아닌, 무의식적 반응으로 구분됩니다.

이렇게 개가 다른 개에게 전달하는 소통 목적의 소리신호는 '으르렁', '짖음', '낑낑댐', '하울링', '헥헥거림'의 5가지인데, 개는 서로 간 의사 전달을 위한 소리신호로 5가지만을 사용하는 것이고, 그 이외의 소리는 주고받는 대화로 인식하지 않는다 짐작할 수 있습니다. 이 5가지 소리는 누가 가르치지 않고 경험해 보지 않아도 직관적으로 인식되는 것들입니다.

이 5가지는 개와 개 사이의 소리신호이지만, 사람이 그것들과 흡사한 파장과 진동수와 진폭의 소리를 낸다면 개는 자기들의 소리신호로 전달 받게 됩니다. 자신들이 내는 소리신호의 파장이나 진동수, 진폭과 동떨어질수록 TV나 라디오에서 흘러나오는 소리쯤으로 여겨 관심을 두지 않고, 자신들의 소리신호와 파장과 진동수, 진폭이 가깝다면 동일한 소리로 인식한다는 것입니다.

사람이 개에게 어떤 말을 건넬 때 그 소리가 '으르렁'과 흡사하다면 사람의 말은 '으르렁'으로 전달되고, '짖음'과 흡사하다면 짖음으로 전달됩니다. 사람끼리 일상적인 대화를 나눌 때는 아무런 관심이 없다가도 고함을 지르거나 웃으며 장난칠 때 반응하는 것은 자신들이 사용하는 소리신호로 전해 들었기 때문입니다.

목소리가 낮고 저음인 사람이 개들의 '으르렁' 소리를 흉내 내면 자던 개도 벌떡 일어나게 되고, 힘 있는 소리로 짖는 소리를 흉내 내면 깜짝 놀라거나 짖는 것도 같은 이유입니다.

반면, 가성에 가깝게 '낑낑' 소리를 흉내 내면 강아지가 꼬리를 흔들며 다가와 고개를 갸웃거리게 되고, 무성음으로 헥헥거리는 소리를 빠르게 들려주면 매달리거나 장난을 치려 들게 됩니다. 지금 당장 책을 내려놓고 반려견이 무엇을 하고 있는지와 상관없이 혼자서 이 소리들을 들려줘 보면 여러분들이 반려견에게 하는 말들이 인간의 언어가 아닌, 개의 소리신호로 전달됨을 바로 알 수 있습니다. 아마 소리를 낸 지 1초가 지나기 전에 여러분을 응시하거나 다가오게 될 겁니다.

그렇다면, 사람이 개에게 건네는 말들 중에 이 5가지에 해당되는 말은 어떤 것들일까요? '으르렁'으로 전달되는 소리에는 저음으로 기분 나쁘다는 듯 '야~!'라고 하거나 '어허~!'라고 길게 빼는 소리 등 불쾌한 심기를 드러내는 소리들이 해당됩니다. '짖음'에 해당되는 소리로는 강하고 둔탁하게 내뱉는 '야!', '저리 가!' 등의 화내는 소리가 해당되고 '낑낑거림'으로 전달되는 소리로는 가늘고 높고 가벼우면서 소리굴곡이 많이 동반되는 '강아지 까까 먹을까?', '아이고, 예뻐~!' 등의 기분을 좋게 하려는 소리들이 해당됩니다.

무엇이 개를 힘들게 하는가!

여러분이 무표정하게 한곳을 응시하거나 먼 산을 바라보며 가성으로 '우~!' 소리를 길게 뻗어 내거나, 구슬프게 울고 있는 소리가 '하울링'의 주파수에 근접하게 되면 개는 '하울링'을 하고 있는 것으로 생각하게 되고, 혀를 내민 채 웃는 표정으로 빠르게 호흡하면 헥헥거리는 것으로 받아들이게 됩니다. 개들의 소리신호 5가지와 그에 해당되는 사람의 소리를 번갈아 들려줘 보면 반려견들의 소리신호에 대해 새로운 관점을 가지게 될 것입니다.

흔히 말하는 '진상견'은 동적 소리신호를 많이 사용하는 가정에서 만들어집니다. 특히, 초등학생 이하의 자녀가 있는 가정과 가족 중 성격이 조급한 사람이 있을 경우 심한 행동문제와 정서적 불안정이 높게 나타나는데 이 가족들에게서 동적 소리신호인 '낑낑'과 '헥헥거림'이 많이 가해지기 때문입니다.

개는 개의 방식으로 인간을 대하고, 인간은 인간의 방식으로 개를 대한다

사람에 의해 번식된 새끼 강아지들은 사람을 크게 두려워하지 않습니다. 태어나면서부터 사람의 소리를 듣고 접촉을 받아 왔기 때문에 사람을 그리 위험한 존재로 인식하지 않기 때문입니다.

강아지들이 입양한 가족에게 빠르게 적응하는 이유는 촉각, 청각, 시각, 후각이 발달될 때부터 사회화기 초반까지 사람과 지속적으로 접촉해 온 결과 사람을 다른 종으로 구분하지 않고 동종인 개를 대하듯 하기 때문입니다. 유아기의 강아지를 병아리, 토끼, 고양이, 햄스터 등과 함께 기르면 죽이지 않고 형제 강아지 대하듯 하는 이유이기도 합니다.

그러므로 이 시기에 사람을 충분히 접해 보지 못할 경우, 사람과 유대관계를 맺는 데 상당한 어려움을 겪게 됩니다. 어미와 함께 떠돌이 생활을 하던 강아지를 입양한 경우 환경과 사람에 대한 부적응 문제로 정상적인 반려생활이 어려운 것도 이 시기 인간과의 접촉 부재에 따른 것입니다.

경험으로 볼 때 생후 2개월 내에 인간과 한 공간에 머물기, 스킨십 등의 접촉경험이 없는 개들 중 많은 수가 인간과의 공존에 어려움을 겪게 되며, 생후 1개월에 구조된 어린 강아지가 매우 예민한 부적응 반응을 이어 나가는 경우도 본 적이 있습니다. 특히, 생후 3개월이 지나도록 인간과의 제대로 된 접촉경험이 없는 개의 경우 무난한 반려생활을 이어 가기 쉽지 않다는 점은 중요한 사실입니다.

태어나는 시점부터 사람에 의해 보금자리를 제공받고 인간의 냄새를 맡으며 많은 접촉을 받은 개들이라면 반려가족들을 자신의 종과 구분하지 않고 살아가게 됩니다. 개가 인간과 '무리'를 이루어 살아가는 것만으로도 이 부분은 입증되는 것입니다. 만약, 2~3개월령 가까이 사람이 만져 본 적도 없고 사람의 체온이나 냄새를 코앞에서 느껴 본 적 없는 떠돌이 개라면 함께 생활하는 가족들조차 다른 종으로 대하게 됩니다. 그러므로, 반려가족과의 완전한 무리의식도 형성되지 않습니다.

그렇다면, 개와 인간이 무리를 이루었을 때 소통의 문제는 없는지에 관해 알아보겠습니다. '소통'이란, 서로 간 의사전달이 원활히 이루어지고 있느냐를 의미하는 것으로, 반려견의 의사가 여러분에게 잘 전달되고 있는지, 여러분의 의사가 반려견에게 얼마나 전달되고 있는지를 말하는 것입니다.

제가 여러분에게 도화지 한 장을 건네고 외계인의 생김새를 그려 달라고 부탁한다 가정해 봅시다! 여러분이 도화지 위에 그리게 되는 외계인의 모습을 저는 대략 알고 있습니다. 이 책을 읽는 모든 분들이 그리려는 대략의 형태를 비슷하게 그려 낼 수 있는 통관력이 있는데, 그게 바로 사람이 사람을 상대할 때의 공통관념인 '인간 관점'입니다.

여러분과 저는 모두 인간으로 태어났기 때문에 외계인을 표현할 때 '인간 관점'으로밖에 그려 내지 못하는 한계를 가지고 있습니다. 분명 얼굴이 있고 손이 있을 것이며, 한 개 또는 여러 개의 눈을 가지고 있을 게 분명하고 얼굴의 어디엔가 입과 콧구멍을 그려 놓았을 겁니다.

 똑같은 그림은 하나도 없겠지만, 눈, 코, 입, 손이 그려져 있다는 점은 동일할 겁니다. 그게 인간 관점이고 인간 사고력의 범위입니다. 외계인을 경험해 보지 못한 인간은 외계인을 표현하거나 상상할 때 반드시 인간 관점의 한계 속에서 이미지를 떠올릴 수밖에 없습니다.

 그렇다면, 인간이 개의 행동을 해석하고 개의 생각을 읽는 방식은 무엇을 기준으로 하고 있을까요? 역시 '인간 관점'입니다. 반대로 반려견들이 반려인을 포함한 사람들의 행동을 해석하는 판단 기준은 무엇일까요? '개의 관점'입니다. 개들은 타고난 본성 그대로의 생존방식에 의존해 살아가는 관계로 사람들의 행동이나 소리를 자신들의 기준으로 해석할 수밖에 없고, 사람은 인간 본성 그대로 살아가는 관계로 개의 행동이나 소리를 인간의 기준으로밖에 해석할 수 없는 것입니다. 여기에서 인간과 개의 '소통 충돌'이 일어나게 됩니다.

 서로가 각자의 생각으로 소통을 시도하고, 각자의 관점으로 받아들이며 살아갑니다. 가장 익숙한 동물이면서 가장 모르고 기르는 동물이 개라고 여겨지지는 않는지요? 아무리 오랫동안 봐 오고 겪었더라도 상대의 입장을 고려하지 않는다면 그에 대해 아무것도 모르게 됩니다. 혹시 여러분은 부모나 형제에 관해 너무 잘 알고 있다 속단하고 있지는 않은지요? 내

무엇이 개를 힘들게 하는가!

가족이 내가 알고 있는 것과 전혀 다를 수 있음을 염두에 두지 않는다면 여러분은 가족에 대해 제대로 아는 것이 없는 상태입니다. 어리고 세상 물정 모를 거라 여겨 왔던 동생이나 자녀가 다른 사람들에게는 주관 있고 리더십 있는 존재로 인정받고 있을 수도 있을 텐데 말입니다.

우리는 개를 너무 흔하게 볼 수 있고, 기를 수 있다 보니 개에게도 그러한 선입견을 가지고 있는 듯합니다. '개는 말이야…' 하면서 많은 사람들이 개를 길러 본 경험을 바탕으로 아는 척하지만, 실제 개의 사소한 행동 하나도 이치에 맞게 설명하는 사람은 드뭅니다. 어쩌면 개는 인간의 일거수일투족을 관찰하면서 인간에 대해 많은 것을 알고 있음에도 인간은 개를 잘 알고 있다는 착각에 빠져 알아가려는 시도조차 하지 않고 있을지 모릅니다.

개를 기르는 많은 사람들은 개와 인간의 차이점보다는 동일성에 관심이 많겠지만, 차이점을 알지 못하고 동일성을 생각한다면 오류에 빠질 확률이 높습니다. 내 마음을 공감하고 나와 소통되는 존재였으면 하는 기대가 동일성에만 편향된 관심을 가지게 할 수 있다는 점도 주의해야 합니다.

사람은 춤을 추지만, 개는 추지 못합니다. 억지스럽게 한 방향으로 빙글빙글 돌도록 훈련시키거나 몇 가지 tricks을 가르친 후 음악을 틀어 연결시키는 모습을 보고 '개도 춤을 춘다'고 생각합니다. 개와 인간의 차이점과 잘못된 해석은 수도 없이 많지만, 사람들은 자기 행위를 기준으로 개를 해석하려다 보니 개의 행위를 인간의 행위와 동일한 것으로 간주하는 오류를 범하게 됩니다.

개와 인간이 서로 다른 생각을 하면서도 공존하고 있음은 놀라운 일이지만, 인간이 개의 관점을 제대로 이해하지 못한다면 사소한 문제에서부터 서로의 생명을 위협하는 지경에까지 이르게 됩니다. 지금 여러분 가정에서 나타나고 있는 반려견의 행동문제들이 '개는 개의 방식으로 인간을 대하고, 인간은 인간의 방식으로 개를 대하는 문제'에서 기인하고 있음을 자각해야 합니다.

개는 우리의 생각을 이해하기 어렵지만, 우리는 얼마든지 개들의 생각을 읽어 낼 수 있으므로 다행입니다.

무엇이 개를 힘들게 하는가!

개는 당신을 어른으로 인식하지 못한다

인간에게 어른이란, 성장이 끝난 사람을 의미하지만, 동물에게 어른은 나이 먹는 존재가 아닙니다. 개들에게는 나이라는 개념이 없고, 경로사상도 없기 때문입니다. '어른'의 사회통념적 의미는 자신의 행동에 대해 책임질 수 있을 만큼 정신적으로 성장한 사람이면서 사회규범을 지켜 나갈 수 있는 독립된 주체입니다. 개들에게도 어른이란 자신의 행동을 책임질 수 있을 만큼 정신적으로 성장했고, 무리공동체의 질서에 부합되면서 생존활동이 가능한 존재입니다.

인간이나 개나 어른의 의미는 흡사하지만, 인간에게는 인간만이 가지는 특별한 가치인 '존중심'이 작용하는 반면, 개들에게는 동물로서의 힘의 논리가 작용되는 큰 차이가 있습니다. 인간이 개들에게 어른으로 인식되기 위해서는 인간사회의 어른이 아닌, 동물사회의 어른이 되어야 합니다. 동물사회에서의 어른이란, 내 것을 지킬 수 있고 주관 있게 행동하는 힘과 자신감을 가진 존재입니다. 어리거나 약한 개처럼 행동해서는 개들 사회의 어른으로 인식되지 못합니다.

'반려견 행동이론'에서 말하는 어리거나 약한 개로 인식되는 행동은 4가지입니다.

먼저, 여러분이 평상시 이유 없이 반려견의 눈을 자주 주시한다면 자신감 있는 성체로 여겨지지 않습니다. 개들은 나이를 먹어 어른이 되면 상대 개의 눈을 마주 보지 않습니다. 다 자란 개들 간 눈을 오래 마주치는 행동은 상대에게 의식적인 느낌을 전달해 견제가 일어나기 때문입니다. 애견카페나 유치원, 놀이터에서 개들이 서로를 마주하는 행동을 관찰해 보면, 눈을 마주치는 게 아니라, 얼굴을 마주하고 있을 뿐임을 금세 알 수 있습니다.

　다음으로 여러분이 시도 때도 없이 반려견에게 말을 걸고 있다면, 여러분은 어리거나 유약한 존재로 인식됩니다. 가볍게 내뱉는 높낮이가 뚜렷한 대화 형식의 말들은 '낑낑거림'으로 전달되기 때문입니다. 어떤 개가 상대에게 낑낑대는지를 생각해 보세요! 어리거나 멘탈 약한 개라는 것을 쉽게 알 수 있습니다. 또, 개의 얼굴 주변을 조물거리거나 빠르게 만지는 행동을 반복한다면 어리거나 유약한 존재로 인식됩니다. 다 자란 성체들은 굴종의 상황이 아니라면, 상대의 얼굴을 빠르게 핥지 않습니다.

　마지막으로, 개와 수시로 장난치고 놀아 주는 사람도 어른으로 인식되지 않습니다. 사람들은 반려견의 무료함을 덜어 주려 장난과 놀이를 주고받지만, 강아지의 어미조차 새끼들과 놀이를 하지 않습니다. 개들에게는 '놀이'는 있어도 '놀아 주기'는 없습니다. 이 말은 여러분이 반려견에게 놀아 준다 여기고 하는 행동들이 반려견의 입장에서는 단순히 노는 행위이고, 강아지와 놀고 있는 사람은 곧 어린 존재로 인식된다는 뜻입니다.

　이 4가지를 매일 또는 자주 행하고 있는 사람이라면 어른이 아니라, 어른에 대적할 힘을 갖추지 못한 어린 강아지로 인식됩니다. 어떤 날은 야

　　　　　　　　　　　　무엇이 개를 힘들게 하는가!

단처 놓고 어떤 날은 장난치고 놀아 준다면 만만한 존재는 아니지만, 역시 미성숙한 존재로 여겨질 것이 분명합니다. 입양한 어린 강아지가 까불거리며 매달리고 손과 뒤꿈치를 깨물거나 귀찮게 하는 이유는 여러분이 또래의 강아지로 보이기 때문입니다. 아무리 화내고 밀치고 소리 질러도 눈 맞추기, 말하기, 만지기, 장난치기를 병행한다면 강아지가 보기에는 나름 자존심 부리면서 까불대는 강아지에 불과합니다.

'반려견 행동이론'에서는 그 4가지를 '4대 접촉행위'로 규정하고 있으며, 모든 행동문제 해결의 바탕으로 적용하는 매우 중요한 항목이기도 합니다. 그러므로, 막무가내로 '내 아기', '우리 강아지'라며 '우쭈쭈'만 하다가 반려견으로부터 어린 강아지로 대접받기 전에 진중한 어른의 모습으로 대하는 습관을 들이세요!

과한 접촉행위를 줄일 수만 있다면, 여러분은 반려견에게 어른으로 존중받을 것이며, 반려견도 어른으로 변모하게 될 것입니다. 강아지와 놀아주는 재미를 누리기 위해 개를 기르는 것은 가족이 아닌, 놀이친구를 집

에 들인 것에 지나지 않습니다. 반려견에게 어른으로 보일 수 있도록 최대한 노력하세요! 그 안에 문제행동을 예방하는 단순한 진리가 숨어 있습니다.

인간은 공유를 원하고, 개는 점유를 원한다

반려생활의 궁극적 목표는 반려견과 삶을 공유함으로써 행복을 누리는 데 있습니다. 개가 인간 사회에서 행복하게 살아가기 위해서는 신체적 제약보다 정신적 제약에서 벗어나도록 하는 게 먼저입니다. '정신적 제약'이란, 개들이 사람과 살아가면서 겪는 불안, 초조, 긴장, 공포, 두려움 등 심리적 부적응에 시달리는 환경에서 살아가는 것을 말하는데, 이런 문제는 과연 '개가 인간 사회에서 살아가는 것이 어떤 의미를 가지는가?'라는 의문이 들게 합니다.

반려인들은 사람들이 즐기는 많은 활동들을 개와 함께하고 싶어 하고, 그 활동들은 같은 집에 동거하는 것을 비롯해 취미, 운동, 등산, 사냥, 트레킹, 산책, 쇼핑, 캠핑, 여행 등 매우 다양합니다. 반려견과 침대에서 함께 잠을 자고 함께 식탁에 앉아 음식을 먹거나 놀이터에서 시간을 보내고 애견카페에 데리고 가는 것은 삶을 공유하고자 함입니다. 어찌 보면 매우 배려적이고, 어찌 보면 처음부터 자기만의 욕심일 수 있겠지만, 이런 마음은 개를 위한 순수한 애정에서 유발되는 것이고, 인간이기에 가능한 자기희생이기도 합니다.

무엇이 개를 힘들게 하는가!

공유하기 위해서는 자기 권리 중 일부를 포기해야 합니다. 매일 침대에 배변하는 반려견 때문에 짜증이 극에 달하지만, 다음 날도 침대에서 함께 자는 것을 허용하는 것은 '공유'를 멈추지 않으려는 마음입니다. 외출했다 집에 들어설 때 과하게 인사하는 것이 문제가 될 수 있음을 알고 있으면서도 반려견의 마중을 뿌리치지 못하는 것도 반가움을 공유하고자 하는 마음 때문입니다. 집 안에서 터그 당기기나 장난감 놀이를 하면 할수록 불안정이 높아질 수 있음을 알면서도 하루 5분이라도 놀아 주려는 것도 즐거움을 공유하고자 하는 마음 때문입니다.

집 안에 반려견이 쉴 수 있는 공간이 충분함에도 개만의 휴식공간이 필요하다는 말에 하우스나 켄넬박스를 구입해 주는 것도 '내 것이 있다면, 반려견 것도 있어야 한다!'는 공평한 공유를 위한 행동입니다. 이렇게 반려인들에게 반려견과의 공유는 해도 해도 부족함이 없는 사랑의 표현입니다.

저는 평생 개들과 살아온 사람으로서 인간과 개의 삶의 공유를 반려생활의 가장 중요한 가치로 여깁니다. 인간과 살아가면서 인간 세상을 마음 편히 누리지 못하는 개라면 그건 껍데기 반려견이고 껍데기 반려생활입니다. 가물거리는 눈을 비벼 가며 이 책을 쓰고 있는 단 하나의 목적도 개가 인간 세상을 마음 편히 '공유'하도록 돕고자 함입니다.

'공유'는 누가 누구에게 베푸는 것인가요? 먼저 도달한 사람이 늦은 사람에게 권리를 나눠 주는 걸 공유라 하고, 정보를 먼저 습득한 사람이 정보를 나누는 것을 공유라 말합니다. 그런데 안타깝게도 여러분의 반려견은 '공유'를 이해하지 못합니다. 공유를 위해서는 '배려'라는 자기희생이 먼저 따라야 합니다. '배려'는 빼앗기는 것이 아니라, 자발적으로 양보하는 것을 말합니다.

어린 강아지들은 어미젖을 먹으면서부터 먹이경쟁을 시작합니다. 이유식을 먹을 때도, 건사료를 먹을 때도 같이 태어난 다란성 쌍둥이 형제, 자매 간 먹이 다툼이 일어나는데, 이는 성장이 거듭될수록 점점 심해져 3개월이 되기도 전에 먹이를 점유하는 강아지가 나타나고, 그에 밀리지 않으려는 형제강아지와 식사 때마다 난타전이 벌어지기도 합니다.

경쟁심이 높은 강아지들의 경우, 입양한 지 며칠 지나지 않아 가족을 상대로 먹이경쟁을 일으키기도 하는데, 2~3개월령의 어린 가아지가 사료를 먹는 과정에서 가족이 있는 방향으로 눈을 흘겨보며 으르렁 소리를 내기도 하고, 바닥에 흘린 사료 알갱이를 그릇에 담아 주려 할 때 맹렬하게 덤벼드는 경우도 적지 않습니다.

사람에게서 받은 음식을 다시 사람으로부터 사수하려는 시도가 높아질수록 다른 것들에 대한 독점욕도 높아지게 됩니다. 이런 강아지는 간식이나 볼펜, 양말 등 관심 가는 몇 가지를 지키는 것에서 시작해 점차 더 다양한 상황에서 다양한 것들을 지키는 것으로 점유권을 확대해 갑니다.

많은 반려인들은 반려견이 자신을 매우 신뢰하고 있다고 생각할 겁니

무엇이 개를 힘들게 하는가!

다. 하지만, 신뢰는 한쪽이 더 많은 편의를 제공받고 더 많은 것을 가지는 상황에서 말할 수 있는 관념이 아닙니다. 반려견에게 좋은 것을 양보하고 허용함으로써 억지스럽게 관계를 유지하는 것이 '신뢰'라 말한다면 '굴종' 이나 '추종'과 헷갈려하고 있는 것입니다. 여러분이 반려견을 예뻐하고 최선을 다하므로 반려견이 여러분을 신뢰할 거라는 혼자만의 착각에 빠진 겁니다.

침대에서 덤벼드는 반려견을 기르는 분이 있는가요? 침대에서는 주로 잠결에 팔이나 다리를 뒤척이다 반려견의 몸에 닿을 경우 화를 내거나 물거나 이불을 물어 흔드는 경우가 있고, 침대에 친한 사람과 함께 있을 때 다른 사람이 같이 앉으려 하거나 만지려 할 때 맹렬하게 짖고 덤비는 경우가 있습니다. 둘 다 침대를 자기 점유물로 생각하고 있음을 의미하는데요, 반려인은 자기 침대를 반려견과 공유하고자 내어 주었지만, 반려견은 침대 위에서 폭군처럼 반려가족을 통제하려 든다면 가족의 침대에 올라가 있는 게 아니라, 자기 점유물에서 힘을 과시하고 있는 것입니다. '반려견 행동이론'에서는 침대나 소파를 '전망대'라 칭하고 통제권한이 발휘되는 점유물로 규정하고 있습니다. 침대에서의 점유행동이 반복되다 보면 소파에서도 점유권을 행사하게 됩니다.

일반적인 가정에서 소파는 하나뿐이지만, 침대는 가족의 방마다 구비되어 있는 경우가 많은데, 이 모든 방의 침대를 다 사용하는 반려견이라면 집 안 전체의 전망대를 점유한 상태이며, 점유율이 높을수록 가족상대의 통제행위가 빈번히 나타나게 됩니다. 둘 이상의 다견가정이라면 먹이 점유행동과 전망대 점유행동이 더 자주 나타나게 됩니다.

다견가정에서는 특이한 점유행동이 하나 더 나타나게 되는데, 바로 반려견들의 반려인 독점행동입니다. 반려인이 강아지 하나를 무릎에 올려놓고 만지려고 할 때 다른 반려견이 비집고 들어오거나, 먼저 올라와 있는 개에게 내려가라 경고하거나 공격하는 경우가 있습니다. 또, 반려견을 품에 안고 일어서 있을 때 다른 반려견들이 달려와 짖고 으르렁대며 안겨있는 개에게 화를 내거나 공격하는 경우도 있습니다.

이럴 때 반려인들은 '아기들이 엄마에게 안기고 싶어 샘내는 것!'이라 생각합니다. 개들에게는 '샘'이나 '질투'라는 건 없고, 주도성에 의한 '점유'

무엇이 개를 힘들게 하는가!

와 '독점'이 있습니다. 엄마를 차지하려는 싸움이 아니라, 각자 자기의 혁혁한 조력자인 'Beta(베타)'를 독점하려는 것입니다. 다견가정의 반려인들은 간식 하나를 주더라도 공평하게 나눠 주고 예뻐하는 것도 공평한 수준으로 조절해 주려 하지만, 반려견들의 입장에서는 '공평'과 '공정'보다는 '독점'이 필요합니다. 개들에게 '양보'나 '배려'라는 개념이 존재하지 않기 때문입니다.

일부의 개들은 평생을 온순하게 행동하기도 합니다. '온순'이란, 그냥 착한 게 아니라, '경쟁하지 않는 개', '점유하지 않는 개'를 의미합니다. 이런 개들은 먼저 차지하기 위한 투쟁보다는 뒤 순위에서 안전하게 살아가는 것을 선택했기 때문에 가족들이나 낯선 사람, 다른 개를 상대로 투쟁하지 않고 살아갑니다.

독점욕이나 점유욕이 낮은 온순한 개를 만나는 건 복 받은 일이지만, 독점욕과 점유욕이 높은 개를 만나는 건 저주받은 일이 아닌, 많은 수의 반려인들이 겪는 일입니다. 반려인의 목표인 '공유'와 반려견의 목표인 '점유'는 중화할 수 있는 게 아니기 때문에 반려견의 점유욕을 상실시켜 여러분과 공유하도록 만들 것인지를 선택하는 수밖에 없습니다.

어느 쪽을 선택하든 자유지만, 점유욕 높은 개들은 잠시도 편히 쉬거나 잠들지 못하며, 그 점유는 집이라는 은신처와 여러분의 신체까지 포함되므로 방어와 독점에 관련된 갖가지 상황들에서 문제를 일으키게 될 겁니다. 공유할 수 있는 개로 기른다는 건 더 행복한 개로 살아가도록 해 주는 것입니다. 공유하지 못하는 개가 행복할 확률은 0.1%도 되지 않습니다.

개는 당신의 생각과는 달리 어리지도 어리숙하지도 않다

저는 10살도 넘은 반려견을 '아기!'라 부르는 반려인들을 자주 만납니다. 반려인들의 눈에 성체가 된 반려견이 아기로 인식되는 이유는 어린 강아지 때의 행동이 계속 유지되고 있기 때문입니다. 3개월령에 하던 행동이 10살이 되었음에도 반복되고 있기 때문에 반려인들의 눈에 여전히 어린 강아지, 즉 '아기'로 보이는 겁니다.

그럼 10살이 된 개가 3달째부터 해 오는 '아기 행동'은 어떤 게 있을까요? 바로 '꼬리 흔들기'와 '매달리기'입니다. 눈만 마주쳐도 꼬리가 흔들리고 바닥이나 소파에 앉기만 하면 잽싸게 다가와 뽀뽀하듯 얼굴을 핥거나 무릎에 올라와 앉고, 간식을 들고 있거나 외출에서 돌아올 때면 두 발로 일어서서 폴짝거리거나 뱅글뱅글 도는 행동은 반려인의 눈에 어린 꼬마가 엄마나 아빠에게 하는 재롱으로 여겨집니다. 이런 행동은 완전히 노쇠해 움직이는 게 불편할 때까지도 계속됩니다.

견종과 크기에 상관없이 강아지 시기에는 당연히 나타나는 행동이겠지만, 성체가 된 후에도 멈추지 않는 이유는 무엇일까요? 이는 사람과 살아가는 개들이 야생종과는 다른 유전적 특성을 지니고 있기 때문입니다.

야생갯과 동물의 경우, 야생성을 그대로 유지하며 살아가기 때문에 어린 새끼를 빼앗아 와 인공포유하며 기르고 그 새끼를 다시 같은 방식으로 여러 세대를 길러도 반려견들처럼 행동하지 않는다는 것이 밝혀져 있습니다. 이런 결과를 통해 야생종과 반려견의 행동 차이에 변이 유전자가 관련하고 있음을 알 수 있습니다. 사람에게 더 친밀하게 행동하고, 더 밀착적인 개들이 변이된 DNA를 더 많이 가지고 있을 것이고, 독립적이고 예민한 개들의 경우, 변이유전자의 수가 적을 것입니다.

꼬마의 행동을 한다 해서 꼬마라 보면 안 됩니다. 이 말은 대부분의 개들이 꼬마처럼 행동하고 있다면, 그건 꼬마 행동이 아닌, 목적을 가진 행동일 수 있습니다. 개들이 보여 주는 행동이 우리의 눈에 꼬마강아지처럼 보일지라도 그건 꼬마강아지만의 행동이 아니라, 다 자란 개의 행동이기도 하기 때문입니다. 개들이 보여 주는 행동이 마치 어린 아이들이 까불고 장난치고 매달리고 신나 하는 모습과 흡사하다 하여 어린 강아지의 행동으로 간주하기에는 무리가 있는 것입니다. 우리의 눈이 우리의 학습된 사고에 기반하여 객관적 판단을 방해하고 있는 겁니다.

반려견들이 10살이 넘어서도 어린 강아지처럼 행동하는 이유는 무엇일까요? 그로 인해 사람들에게 얻어 낼 것이 있기 때문입니다. 그 몸짓을 활용해 여러분의 행동을 유도해 낼 수 있기 때문입니다. 비교하기는 그렇지만, 미인계를 사용하는 스파이의 전략과 크게 다르지 않습니다.

서로를 상대하는 전략에서 여러분은 미인계에 빠져 허우적대는 사람처럼 반려견의 꼬리 흔들기와 매달리기에 빠져 판단력이 흐려집니다.

태어난 지 4~5개월이면 초등학교 고학년이 되고, 8~10개월이면 고등학생 수준의 발달이 일어난다는 것을 생각해 본 적 있는가요? 만 1년이 되면 20대의 어른이 되었음을 인지하지 못하고 마냥 어린 꼬마라 여긴다면 온순한 개로 성장시키기 어렵습니다. 어찌 어린 꼬마의 행동에 단호하게 대응할 수 있겠습니까? 4~5개월령의 강아지를 마치 어린이집을 다니는 너댓 살 정도의 꼬마로 생각하고 몇 개월을 흘려보내게 되면 짖고 물고 싸우는 반려견의 모습을 보게 될 겁니다.

많은 반려인이 어린 꼬마강아지에게 시달리고 혼나고 쩔쩔매는 이유는 무엇입니까? 상대는 나를 알고, 나는 상대를 모르는 '역부족'에 의한 문제입니다. 4~5개월밖에 안 된 어린 강아지가 집을 지키기 위해 짖어 대는 이유는 무엇입니까? 여러분에게는 지킬 만한 능력이 없다 여겨 자신이 영역 방어에 나선 겁니다. 여러분의 집과 재산을 보호하기 위해 열심히 일하고 있는 게 아니라, 집의 방어책임자로서 행동하고 있는 겁니다.

개들의 성장속도가 인간에 비해 지나치게 빠른 이유는 무엇일까요? 살아남기 위해서입니다. 빠르게 성장하지 않으면 섭식과 방어 등 무리의 존속에 도움이 되지 않으며, 자신의 안전을 지켜 내기도 어렵기 때문입니다. 여러분의 반려견도 집을 방어하는 존재가 되기 위해 빠르게 성장합니다. 개들은 성장이 완성되면 노화기가 오기까지 거의 늙지 않는 특이한 동물입니다.

인간이 개를 괴롭히고 학대하던 시대에서 개가 인간을 괴롭히고 통제

무엇이 개를 힘들게 하는가!

하는 시대가 되었음에도 반려견을 어리고 어리숙하다 여긴다면 그건 어디서 나오는 자만심인가요? 지금 이 순간에도 여러분이 말하는 '아기'들은 가족을 대표하는 방어책임자로 일하고 있는 중입니다.

개가 주인을 닮아 가는 이유는 주인이 본받을 만해서가 아니다

'개는 주인 닮는다!'는 말을 들어 본 분들이 많을 겁니다. 어떻게 들으면 칭찬 같고, 다르게 들으면 핀잔주는 듯한 이 말은 반려인과 반려견의 '됨됨이'가 닮음을 말하는 것으로 볼 수 있습니다.

'됨됨이가 된 사람'이라 말하면 그 사람은 예의 있고, 인격이 갖춰진 사람이란 뜻입니다. '인품'은 사람과 사람 사이에서 존경받거나 믿을 만한 사람으로 인식되는 무형의 수단인데, 인품 좋은 사람이 기르는 개는 주인을 닮아 점잖고 순둥순둥할 것이고, 인품이 엉망인 사람이 기르는 개는 성품이 형편없을 것이라는 의미를 담고 있을 겁니다. 개를 기르는 사람의 정서적인 면과 성품이 개에게 직접적인 영향을 주는 게 맞다면, 짖음과 분리불안, 공격성은 양육자의 영향을 받는 것이므로, 개를 기르는 데 중요한 참고자료가 될 것입니다.

저는 오랫동안 개들을 관찰해 오면서 개를 덜 짖고 덜 예민하게 기를 수 있는 확률 높은 방법을 알게 되었는데, 바로 여유 있게 말하고 호들갑스럽지 않게 대하는 것입니다. '앉기'나 '엎드리기'를 가르치는 게 아니라, 그냥 말을 많이 걸지 않으면서 차분하게 반응하는 것만으로도 반려견의 과잉행동을 완화시킬 수 있고, 불안을 덜 느끼는 개로 기를 수 있다는 겁니다.

반려견에게는 진중하고 평온한 반려인이 필요합니다. 사람과 사람 사이에서도 그렇고 다 자란 개들 사이에서도 진중하고 평온한 존재는 '경거망동'하지 않음으로써 다른 구성원들을 이끌어 갑니다. 어려서부터 봐 온 양육자가 정적이고 신중한 모습을 보이고 있다면, 강아지가 양육자를 대하는 태도는 새끼 강아지가 어미를 대하는 태도와 흡사해집니다. 어미개는 강아지들에게 놀이친구가 아닌, 단호하고 확신 있는 리더입니다.

느리고 진중한 양육자와 살아가는 강아지에게는 '주도권'이 형성되지

무엇이 개를 힘들게 하는가!

않습니다. 주도성이 높아지기 위해서는 다른 구성원들의 동조가 따라야 하는데, 느리고 진중한 사람들의 경우 강아지의 행동 하나하나에 별다른 반응을 보이지 않기 때문에 상대적인 주도성을 높일 수 없는 겁니다.

주도성이 낮은 반려견은 나서서 방어하지 않기 때문에 잘 짖지 않는 개로 살아갑니다. 또한 이런 타입의 사람들은 강아지를 만지거나 접촉할 일이 있을 때도 차분하고 태연하기 때문에 정서적으로 불안정한 반려견이 될 확률이 낮습니다.

강아지에게 줄을 매거나 목욕을 시킬 때에도 말을 하지 않고 태연하게 행동한다면 발버둥치거나 손을 무는 개로 성장하지 않습니다, 사람의 손으로 개의 신체를 붙잡는 행위는 개의 입장에서는 제압당하는 것이기 때문에 많은 개들이 발버둥치고 공격적으로 행동하지만, 붙잡고 있는 사람이 처음부터 일관되게 단호하고 의연한 모습을 보여 왔다면 특별한 저항 없이 참는 것을 선택하게 됩니다. 목줄이 싫고 물이 싫더라도 그 정도는 참아 내는 것이 현명한 것임을 잘 알기 때문입니다.

그렇다면, 말과 행동이 빠른 사람에 의해 길러지는 개들의 경우 이와 반대의 모습을 보이게 될 확률이 높을까요? 이 책을 읽는 분들 중에서도 강아지를 대하는 태도가 말이 많으면서 빠르고, 자주 장난치고 만지고 있다면 짖고 무는 반려견과 살고 있을 가능성이 매우 큽니다. 정서적인 안정감은 곧, 인품 좋은 사람과 같은 느낌이고, 개의 관점에서는 자신 있고 차분하며 남을 의식하지 않는 확신에 찬 존재로 여겨지게 됩니다. 반려견이 말 안 듣고 심하게 까불어 대고 있다면, 가족들이 행동이 빠르고 말을 많이 하고 있지는 않은지 확인해 보세요!

길이나 공원에서 마주치는 개들의 모습을 보면, 아주 편안한 모습으로 천천히 걷는 개와 불안정하게 끌어당기고 우왕좌왕하는 개, 다른 사람이나 개에게 위협적으로 짖거나 달려드는 개, 산책을 거부하는 개의 4가지 타입이 있습니다. 이 4가지 타입 중 불안정하게 끌어당기는 개와 짖는 개, 산책을 거부하는 개를 데리고 있는 사람들은 같은 타입입니다. 반려견의 행동에 빠르게 반응하고 많은 말을 건네고 자주 장난을 쳐 온 결과 반려견을 주도하지 못하는 상태에 있는 반려인들일 가능성이 높습니다. 반면, 편안하게 구경하듯 걷는 개의 반려인들은 매우 차분하고 느리다는 공통점을 보입니다.

장난기 많은 초등학생 이하의 어린이가 있거나, 성격이 조급해 말과 행동이 빠른 사람과 살아가는 반려견들은 매사에 조급하게 행동할 확률이 높습니다. 말 많은 사람과 살아가는 반려견에게 짖음이 심하게 나타나고, 장난기 많은 사람과 살아가는 반려견에게 과잉행동이 잘 나타나며, 하루 종일 반려견 사진만 보거나 홈캠을 보고 있는 사람의 반려견에게서 분리불안이 잘 나타납니다.

'개는 주인 닮는다!'는 말은 '반려견 행동이론'에서 가장 중요하게 여기는 부분인 '양육자의 행동이 반려견의 행동을 만든다!'는 이론에 부합됩니다. 반려인의 말과 행동이 얼마나 많은 영향을 끼치는지 궁금하다면, 오늘부터 딱 3일만 반려견에게 '말 걸고, 만지고, 놀아 주는 것'을 멈춰 보세요! 반려견이 얼마나 정적인 존재인지 알게 될 겁니다.

조용하고 여유 있게 행동하는 사람의 반려견은 그를 따라 안정적으로 행동하게 되고, 말 많고 빠르게 행동하는 사람의 반려견은 그를 따라 불안정하게 행동하게 됩니다. 짖고 물고 싸우는 행동은 그 차이에 의해 결정됩니다.

'반려견의 모습은 거울 속 여러분의 모습입니다!'

Chapter 3

개의 행복은 인간의 행복과 다르다

흥분은 사람이 부추기고 개가 행복해한다고 말한다

'학교 갔다 왔으면, 강아지와 놀아 줘라!'라는 말과 '학교 갔다 와서 강아지랑 놀고 있어!'라는 말의 차이를 구분할 수 있습니까? 전자는 강아지를 위해 놀아 줄 책임을 말하는 것이고 후자는 강아지를 입양할 때의 목적 그대로 동생처럼 지내라는 말입니다. 저는 수년 전 한 가정과 상담을 하던 중 엄마가 딸에게 "직장 다녀왔으면 강아지와 10분이라도 놀아 줘라!", "너는 온종일 바깥에서 사람들과 얘기도 하고 활동했지만, 강아지는 하루 종일 아무것도 안 하고 심심했을 걸 모르냐?"라며 호통치는 걸 본 적이 있습니다.

'놀아 주라'는 말은 강아지를 신나게 만들어 주라는 것인데, '신나게'는 흥분하고 활달하게 움직이도록 만드는 것을 의미합니다. 집 안에서 반려견에게 흥분자극을 가하라는 것이죠! 집 안에서 놀아 주면 놀아 줄수록 반려견이 차분하게 지내지 못한다는 걸 알면서도 놀아 주기를 반복하는 이유는 반려견을 어린 꼬마로 여기기 때문입니다. 꼬리를 흔들어 대고 이리저리 뛰어다니며 사람에게 매달리는 모습을 보이는 것이 즐거워하고 행복해하는 것이라 생각하는 사람들이 많습니다.

처음 반려견을 입양한 사람들은 아침에 일어나면서부터 강아지를 찾습니다. 잘 자고 있는 강아지를 만지기도 하고 코나 입을 가져다 대면서 체취를 느끼려 하기도 합니다. 매일 일어나자마자 강아지를 자극하게 되면, 강아지는 양육자가 깨어나면 인사를 주고받는다는 걸 학습하게 되고, 얼마 지나지 않아 먼저 잠에서 깨어나 양육자의 얼굴을 핥거나 머리카락을 물어 당기는 행동을 하게 됩니다. 아침에 일어나면 그런 접촉을 주고받는 걸로 생각하기 때문입니다.

빨리 일어나 아침 인사를 하자는 거죠! 반려견을 피해 혼자 방 안에서 자게 되면, 아침마다 문을 긁고 짖으며 밖으로 나오라 요구하는 일이 벌어집니다. 아침에 눈뜨면 강아지를 기분 좋게 해 주려 한 행동이 과잉행동으로 변질돼 버린 것입니다. 그럼에도 일부의 반려인들은 아침마다 소리 지르는 반려견에게 달려가 꼭 껴안으면서 입맞춤을 합니다. 그래야 행복해할 거라 여기기 때문입니다.

반려가정들에는 강아지 장난감 바구니가 있는 경우가 많습니다. 강아지가 더 좋아하고 잘 가지고 놀 만한 장난감을 찾다 보니 큰 빨래바구니에 한 가득 쌓여 있는 경우도 있고, 진열장 한 칸을 장난감이 차지하고 있는 경우도 있습니다. 이 장난감들의 정체는 '반려견을 행복하게, 신나게 해 주는 도구'들입니다. 처음 강아지에게 장난감을 사 줘 보면 거의 관심을 보이지 않습니다.

장난감을 손에 들고 아래위, 좌우로 흔들고 바닥에 내려치거나 공중으로 던졌다 받기를 반복하면서 이상한 소리를 가미하게 되면 이윽고 살아 있는 것으로 착각해 붙잡으려 하게 됩니다. 반려인의 오두방정 액션에 강아지가 반응하게 된 것입니다. 어느 순간부터 흥분된 상태로 장난감을 물어 흔들거나 사냥놀이 하듯 하게 되고, 가족들이 놀아 주지 않는 시간에는 자근자근 씹어 대거나 인형을 물어뜯어 해체놀이를 하게 됩니다.

강아지를 위해 열심히 노력한 대가로 잘 가지고 놀게는 되었지만, 장난감에 대한 과도한 흥분이 일어나거나 시도 때도 없이 물고와 던져 주기를 기대하는 행동, 물어뜯는 행동, 때때로 지키려는 행동들이 나타납니다. '놀이'가 '정서 불안정'으로 전환되는 건 오래 걸리지 않습니다. 집 안에서의 장난감놀이는 강아지를 매우 흥분시키고 급하게 만들어 그로 인한 다른 행동문제들로 확대될 수 있습니다.

'개에게 놀이는 있어도 놀아 주기는 없다'는 걸 기억하세요! 강아지들은 어른으로부터 놀이를 배우지 않습니다. 이 말은 놀이는 가르치는 것이 아니며, 억지스럽게 유도하는 것도 아닌, 타고난 에너지 수준에 맞게 하다마는 것이어야 합니다. 강아지를 기분 좋게 하려는 많은 것들이 어쩌면 여러분 자신을 신나고 행복하게 만들려는 시도일 수 있습니다.

"우리 강아지는 안 놀아 주면 잠만 잡니다. 그래서 자주 놀아 주려고 노력 중입니다!"라고 말하는 반려인들이 있습니다. 잠자는 강아지가 무료해 보여 신나게 뛰어다니도록 해 주려는 의도겠지만, 어미가 기르는 강아지들은 깨어 있는 시간보다 누워 잠자는 시간이 월등히 많으며 어미는 잠자는 강아지를 깨우지도, 놀아 주지도 않고 기릅니다. 강아지가 여러분에게 장난감을 사 달라거나 잠 안 자고 놀고 싶다 부탁한 적은 없습니다.

개가 행복한지 아닌지를 알 수 있는 방법은 없습니다. '행복'이란, '만족'과 동일선상에 있는 가치일 텐데, 개들이 사람과 살아가면서 만족감을 느낄 수 있을지가 이미 '난센스(nonsense)'입니다. 인간이 행복감이나 만족감을 느낄 때 뇌의 어느 영역이 활성화된다거나 뇌파의 변화가 있다거나 하는 기준에 개의 행복을 결부시킬 수는 없습니다. 우리가 개에게 주고자 하는 행복은 '불행'에 해당되지 않는 삶을 제공해 주는 것, 불안과 긴장이 최소화된 삶을 살도록 해 주는 것입니다.

놀아 주고 예뻐해 줘야 행복해할 거란 생각은 틀리다

"예뻐하지 않고 놀아 주지 않으려면 왜 개를 기르냐?"며 저에게 따져 물은 반려인이 있었습니다. 예뻐하지 말라고 말한 적은 없고 지나친 접촉과 관심을 줄여야 한다고 말했음에도 받아들인 분의 입장에서는 강아지는 놀아 주고 말 걸고 만져 주는 걸 좋아하는데, 왜 그걸 이래라저래라 간섭하냐는 것이죠!

남의 사생활에 간섭한 것으로 받아들이니 할 말은 없지만, 하루 종일 쉬지 못하도록 만드는 사람과 함께 있는 것보다 편히 쉴 수 있는 혼자만의 시간이 반려견들에게 필요합니다. 반려견이 집에 혼자 남아 외롭고 쓸쓸할 거라 생각한다면 오산입니다. 가족들이 학교와 직장을 가고 나면 그제야 쉴 수 있는데 사람들은 왜 그런 생각을 해 보지 않을까요? 아무도 없을 때는 몸을 긁지도 않고, 바깥소리에 예민하지도 않으며, 장난감을 물고 뛰어다니지도 않는 완전한 휴식이 온다는 걸 홈캠을 통해 이미 봐 오지 않았는가요?

그나마 최근 상담을 진행하는 반려인들 중에는 어린 시절의 접촉과다가 행동문제들을 야기할 수 있음을 알고 주의하는 분들도 있어 희망적인 기대를 가집니다. 어느 반려가정에서 자문을 구해 방문한 적이 있었습니다. 보통의 경우 현관을 들어서면 강아지부터 대면하게 되는데 어쩐 일인지 그 가정에서는 강아지의 모습이 보이지 않았고 거실까지 들어선 뒤에야 구석진 곳의 큐브 모양 울타리에 갇힌 조그마한 강아지를 볼 수 있었

무엇이 개를 힘들게 하는가!

습니다.

  수많은 가정과 교육상담을 진행하지만, 이렇게 격리되어 있는 모습은 처음이었는데요, 전후 사연을 들어 보니 이전에 길렀던 반려견이 너무 과민한 짖음과 분리불안, 공격성 등의 문제를 나타내 힘든 생활을 겪었고, 그 원인이 지나친 관심과 접촉이라 생각되어 몇 달 동안만이라도 아이들이 만지고 장난치는 걸 막고자 만질 수 없는 사각 울타리에 가둬 두고 자녀들이 없을 때 꺼내 주고 있다는 설명이었습니다. 그렇게라도 해서 예전의 불행한 반려생활을 겪지 않으려는 나름대로의 노력임을 알기에 울타리 생활을 최대한 일찍 마무리할 수 있도록 코칭해 드렸습니다.

  반면 어떤 가정에서는 강아지를 잠시도 혼자 두지 않기도 하는데, 왜 그렇게 쉬지 못하도록 만지고 부르고 안고 있냐 물으니, "너무 귀여워서요!" 라고 하더군요! 제가 봐도 귀여움이 상당했지만, 그런 가정을 만나게 되면 상담 내내 마음이 편치 않습니다. 그 행동을 제 말주변으로 바꿔 주지 못할 걸 알기 때문입니다. 하루의 절반을 울타리에 갇혀 있는 강아지가 하루 온종일 사람의 레이더망에 갇혀 있는 강아지보다 더 안정적으로 성장합니다.

  표면적으로만 보면 강아지의 과잉행동을 막기 위해 가둬 두는 가정이 덜 예뻐하는 듯 하고, 온종일 만지고 안고 있는 가정이 더 많은 애정을 가지고 있는 것처럼 보이지만, 눈앞의 재미에 빠져 있는 사람일수록 강아지의 장래에 관해서는 무관심합니다. 처음부터 예뻐하기만 하는 가정의 경우, 시간이 지날수록 혼내고 제어해야 할 일이 많아지지만, 관심을 주지 않기 위해 노력한 가정의 경우 점점 더 많은 것을 주고받을 수 있게 됨을 알아야 합니다. 준비되지 않은 반려인이 준비되지 않은 반려견과 공유할 건 많지 않습니다.

예뻐하면 안 되는 건 아닙니다! 놀아 주면 안 되는 것도 아닙니다! 다만, 강아지의 성장단계를 고려해 예뻐해야 할 때와 놀아 줘야 할 때를 알고, 그것을 줄여 가야 할 시기도 알아야 한다는 것입니다. 개들에게는 '주도성'과 '배타성'이 급속도로 일어나는 시기가 있습니다. 이 두 가지는 가족을 대하는 방식과 타인이나 다른 개를 대하는 방식을 결정짓습니다. 이 시기는 견종과 덩치에 따라 다르지만 일반적으로 만 4~6개월령에 시작되고, 만 8~10개월령에 마무리되는 것으로 판단하고 있습니다.

개들의 사춘기라 부르는 이 시기에는 많은 행동과 심리적 변화가 일어나기 때문에 강아지에게 과한 접촉을 하면 안 되는 시기는 사춘기 이전입니다. 사춘기가 시작되면 이미 그 이전에 만들어진 생각의 지배를 받기 때문입니다. 짖음이 사춘기 초입에 나타난다고 해서 그때 만들어지는 것이 아니라, 그 이전에 이미 짖음을 사용할 준비를 갖추게 된다는 말입니다. 4개월 이전의 과한 접촉과 관심이 평생을 좌우하게 된다는 뜻이며, 가장 귀엽고 앙증맞은 행동을 보여 주는 시기인 탓에 예뻐하지 않기가 매우 어려운 양면성을 가집니다. 두 가지의 충돌을 해결하는 방법은 '단호함을 유지하면서 예뻐하는 것'입니다.

무엇이 개를 힘들게 하는가!

하지만, '이 조그마한 강아지가 문제견이 될 리 없어!'라는 생각에 예뻐하는 것은 진심으로 하면서 단호한 것은 형식적으로 하게 되는 기울어짐의 문제가 발생합니다.

예뻐하는 건, '맞춰 주는 행동'이고, 단호함은 '막는 행동'입니다. 이 말은 예뻐하는 행동이 강아지가 생활을 주도하도록 만들고, 단호하게 행동하는 건 양육자가 주도하게 됨을 말합니다. 예뻐한다는 건 개들의 방식이 아닌, 인간의 방식입니다! 어미조차 자신의 새끼를 예뻐하는 걸 본 적이 없습니다.

예뻐하기 위해서는 강아지가 까불고 귀찮게 해도 웃어 줘야 하고, 내 음식을 몰래 먹고 엎질러 놓아도 화내지 않아야 합니다. 화를 낸다 해도 그건 진짜 화가 아닐 것이고, 내 옷이나 가방을 잘근잘근 씹어 흠집을 내 놓았더라도 밉지 않아야 하며 나를 만만히 보고 대들어도 애교로 봐 줘야 합니다. 이렇게 행동하는 것이 강아지를 예뻐하는 것 아닌가요?

이런 생활이 반복되면 사춘기가 되었을 때 강아지는 갑자기 짖게 됩니다. 또, 어느 순간 편하게 산책하기 어려울 정도의 짖음과 다른 개에 대한 배타성이 나타나 개들이 모여 있는 곳에 가지 못하게 될 수도 있습니다.

어린 강아지를 예뻐하려면 반드시 단호함이 동반되어야 합니다. 단호함은 혼내거나 때리는 것이 아니라, 맺고 끊음을 말하는 것이고 강아지에게 휘둘리지 않는 것을 의미합니다. 여러분이 사춘기 이전의 강아지에게 예뻐만 하고 단호할 수 없는 사람이라면 둘 다 하지 않으면 됩니다. 개들은 20년 가까운 시간동안 여러분과 함께 살아야 합니다. 언뜻 생각하면 너무 짧아 보이지만, 짖음과 분리불안, 공격성을 가지고 있는 개들에게는 너무나 길고 가혹한 시간입니다.

개를 버리는 사람은 사회로부터 지탄받아 마땅합니다. 하지만, 개를 유기하는 사람들 중 개를 많이 예뻐하며 기른 사람들이 훨씬 더 많다는 걸 알고 있습니까? 개를 버리게 되는 이유는 '짖음', '분리불안', '공격성', '실내 마킹', '늙고 병듦' 등입니다. 이 중 사람에게 많이 예쁨 받던 개가 버림받는 이유가 '짖음'과 '분리불안'과 '공격성'입니다. 개를 버리는 사람들 다수가 강아지를 너무 많이 예뻐한 실수를 저질렀습니다. 어린 강아지에게 단호한 규칙을 가르친 후 관심과 사랑, 허용을 드러낸 사람은 개를 버릴 이유가 없습니다. 단 몇 개월도 안 되는 짧은 기간 동안의 무분별한 예뻐하기가 개의 일생을 흔들어 버립니다.

진심으로 바라건대, 개를 예뻐하는 사람보다 좋아하는 사람이 많아져야 합니다. 예뻐하는 사람의 행위는 개의 안정감을 깨트려 불편한 삶을 살도록 만들지만, 개를 좋아하는 사람은 개들 삶의 평형을 깨트리지 않는 순수한 동반자가 되기 때문입니다.

떠돌이 개보다 당신 개가 더 행복할 거라는 착각

저희 동네에는 떠돌이 '발바리 삼총사'가 있었습니다. 세 마리가 함께 어울려 다니는 무리였는데, 너무나 온순하고 태평스러워 풀어놓고 기르는 반려견들처럼 보이지만, 동네를 떠돌아다닌 지 오래된 유명인사들이었습니다. 누구에게도 피해를 주지 않게 보이는 착한 개들이었지만, 그 개들의 존재를 달갑게 여기지 않는 사람이 민원을 제기하는 바람에 포획 대상이 되었고, 마음 아파한 주민 몇 사람에 의해 구조되어 세 가정으로 따로따로 입양 가게 되었습니다.

그렇게 평화롭던 삼총사의 삶이 하루아침에 '풍비박산' 난 것입니다. 어떤 이에게는 미운 떠돌이 개들일 수 있었겠지만, 많은 주민들의 친구였던 삼총사를 더 이상 볼 수 없게 된 것이죠! '구조'라는 명분으로 문제없이 잘 살아가는 개들마저 포획해야 하는 현실이 안타깝기만 합니다.

그 발바리 삼총사를 보고 있으면 자연스러움이 뭔지를 알게 됩니다. 배고프면 인근 식당 앞에서 음식을 줄 때까지 기다려 보다 안 준다 싶으면 다른 식당 앞에서 기다리기를 반복합니다. 삶이 인위적이지 않다 보니 보는 사람이 건강해짐을 느끼게 하고, 얼굴을 미소 짓게 만들어 줍니다. 삼총사가 대로변 인도에 누워 햇볕을 쬐고 있으면 초등학생들이 다가가 쓰다듬어 줍니다. 사람에 대한 긴장도 불안도 없는 평온한 개들이 눈앞에 있다는 건 참 행복한 일입니다.

우리의 관념 속에 '유기견'은 매우 불행한 개들입니다. 하지만, 버려지지 않고 그냥 떠돌이 삶을 살아가는 개들도 있습니다. 떠돌이 개들은 추위와 더위를 스스로 이겨 내야 하고 음식을 구하기 위해 이곳저곳을 찾아다녀야 하지만, 돈도 명예도 필요 없는 자연인처럼 마음의 평화를 누리며 살아갑니다. 짖지도 물지도 싸우지도 않는 평화로운 삶이 삼총사에게 있었습니다.

살아가는 데 문제가 없고, 인간에게 피해를 주지 않는 떠돌이 개들마저 '구조'라는 명분으로 마구잡이로 포획해 들이고, 그 개들 중 일부는 운 좋게 가정으로 입양되지만, 과연 그 개들은 행복해진 걸까요?

여러분의 반려견은 행복한가요? 행복하다면 어떤 면에서 그런가요? 행복한 개라면 집에 손님이 와도 짖거나 흥분 없이 평온해야 하고, 집 밖을 안정적으로 걸어 다닐 수 있어야 하는 게 기본일 텐데, 그 기본적인 두 가지는 보이고 있는가요? 행복은 마음의 평화를 말하는 것이지 돈으로 사고 팔 수 있지 않음을 우리 모두는 알고 있습니다. 아무리 값비싼 사료와 음식을 급여하고, 고급 미용실에서 털 손질을 받고, 유명 브랜드의 개모차를 타고 다니고, 시설 좋은 강아지유치원을 보내고 있다 한들 반려견의 마음을 평화롭게 만들어 주지는 못합니다.

가정에서 살아가는 반려견들이 떠돌이 삼총사가 느꼈을 만큼의 평온함을 경험해 볼 수는 없을지라도 짖지 않고 물지 않고, 싸우지 않는 개가 되도록 도와줘야 합니다. 그런 행동을 하지 않게 되면 지금보다 훨씬 더 평화로운 삶을 맛볼 수 있게 됩니다. 긴장행동을 하지 않도록 막아 주면, 긴장은 줄어들게 되고 긴장이 빠져나간 자리는 점차 '안정'으로 메워지게 됩니다.

반려견들에게 떠돌이 체험을 시키거나 해 오던 외형적인 것들을 중단할 필요도 없습니다. 떠돌이 삼총사가 누리던 '간섭이 최소화된 삶', '흥분하지 않는 삶', '방어할 필요가 없는 삶'을 살도록 해 주면 됩니다. 그 3가지 '간섭'과 '흥분'과 '방어'가 없는 삶이 곧 떠돌이 삼총사가 평온할 수 있었던 이유입니다.

달콤함에 빠지면 모순도 합리화하려 든다

'반려견이 당신의 마음을 다 헤아리고 있으니, 최선을 다해 사랑하세요!', '지금 당신의 반려견이 당신에게 사랑한다고 말하고 싶어 합니다!'라는 말들을 어떻게 받아들이세요? 부모, 형제와도 마음이 맞지 않아 서로를 가슴 아프게 하는 인간이 어찌 개의 생각에 마음대로 숟가락을 얹으려 한단 말입니까? 이런 접근이 개에 대한 존중인가요? 이런 달콤한 멘트들에 여러분의 심장이 녹아내리고 있습니까?

반려견이 여러분의 말을 알아듣고 마음을 헤아릴 줄 안다면 왜 부탁하고 사정해도 짖음을 멈추지 않습니까? 진심을 담아 사랑으로 기르면 사람보다 낫다고 말하는 반려견들이 왜 빗질을 하거나 눈곱 하나를 떼는 것조차 허용하지 않고 맹렬히 덤벼듭니까? '개는 원래 짖는 거 아닌가요?', '개는 원래 싫은 행동을 하면 무는 거 아닌가요?'라고 합리화하고 싶겠지만, 이미 그 해명은 개의 생각이 사람의 생각과 다르지 않을 거란 기대에 정면으로 배치되고 있습니다.

'개는 사람과 별반 다르지 않고 소통이 가능하며 정서적 교류가 일어나고 있다'라고 말하면서 '개니까 그런 거 아닌가요?' 식의 대답은 개와 인간이 너무도 다름을 직관적으로 알고 있으면서도 의식적으로는 아니라고 말하는 모순입니다. 목밴드를 채우고 산책하면 강아지가 힘들어한다는 생각은 개의 입장인가요, 개를 기르는 사람의 입장인가요? 목줄을 착용하고도 편하고 차분하게 걷고 있는 개들은 마지못해 끌려가는 것이고, 하네

　　　　　　　　　　　　　무엇이 개를 힘들게 하는가!

스를 몸에 착용한 채 썰매견처럼 끌어당기고 급하게 걷는 개들은 신이 나서 그런 건가요?

흔히 '감성팔이'라고 표현하는 상대의 심약한 감정을 자극해 자신이 유도하는 방향으로 끌어가려는 전략은 반려시장에도 팽배해 있습니다. 반려견에게 하나라도 더 잘해 주고 싶어 하는 마음은 온갖 먹을거리와 용품, 건강문제에 관한 유혹을 여과 없이 받아들이게 만들고, 이런 마음을 잘 아는 장사꾼들의 낚싯바늘은 끊임없이 반려인들을 향해 던져집니다. 먹이지 않아도 되거나 먹지도 않는 영양제가 수북하고 사용하지도 않는 강아지 쿠션이 방마다 놓여 있으며, 사람 옷만큼이나 많은 강아지 옷들이 옷걸이에 걸려 있게 되기도 합니다.

반려인 여러분, '호구'가 되지 마세요! 아무리 돈이 많은 사람일지라도 감성에 휩쓸려 불필요한 것들을 사들이지 마세요! 그 정도 돈을 쓰는 건 괜찮을 지라도 혼자만의 문제가 아닙니다. 감성 자극에 약한 수많은 사람들이 안 하면 안 되는 것인 양 휩쓸리기 때문입니다. 개를 기르는 가정을 방문했을 때 가장 먼저 눈에 띄는 것은 반려용품들입니다. 저는 많은 가정들을 경험하면서 알게 된 사실이 하나 있는데, 집 안에 반려용품이 많을수록 그 가정의 개는 '진상견'일 확률이 높다는 것입니다.

저는 '반려견'이라는 용어를 사용하긴 하지만, '개'라는 고유명사를 더 자주 사용하며, 개를 기르는 사람을 '보호자'라 칭하지 않고 '양육자'로 표현합니다. 여기에는 개를 의인화하는 오류에 빠지지 않기 위한 목적이 담겨 있는데, 개를 기르는 사람들의 마음에 솔깃한 용어나 명칭을 만들어 내고 사용할수록 '개'라는 본질에서 멀어져 개도 아니고 사람도 아닌 존재를 상대하는 이상한 상태에 빠질 수 있기 때문입니다.

'보호자'란 용어는 '강아지를 안전하게 보살필 책임이 있는 사람'이라는 역할적 의미이고, '양육자'라는 용어는 '강아지를 사회구성원으로 길러낼 책임이 있는 사람'의 역할적 의미를 담고 있습니다. 이 둘에는 많은 차이가 있습니다. 개는 신체적 보살핌만으로 행복하게 살게 되는 게 아니라, 정신적 보살핌이 뒷받침되어야만 평화와 자유를 누릴 수 있기 때문입니다. 그래서 저는 개를 기르는 사람에게 중요한 것은 외적 치장과 보살핌이 아닌, 정신적 자립과 양육이라 여겨 '보호자'라는 용어를 사용하지 않고 '양육자'라는 용어를 사용합니다.

제아무리 달콤함으로 포장된 정보들이 여러분을 현혹해도 무조건 수용하기보다 비판적 시각으로 걸러 낼 수 있어야 합니다. 누군가로부터 반려견의 행동을 지적받거나, 반려인의 양육형태를 지적받고도 기분 좋을 사람은 없습니다. 달콤하지 않은 말들이었기 때문입니다. 하지만, '지적'은 반려견들이 문제없이 살아가도록 하기 위한 개선책을 제의한 것입니다. 지적은 비아냥거림이 아닌, 새겨들어야 할 말입니다.

반려견에게 강아지 친구를 만들어 주면 좋다는 말에 수없이 많은 개와 인사시키고 놀도록 해 오면서 반려견은 과연 몇 마리의 친구 개를 사귀어 놓았는가요? 혹시 친구가 생긴 게 아니라, 산책길이나 애견카페, 강아지

무엇이 개를 힘들게 하는가!

운동장 등에서 다른 개에게 짖고 싸우려는 행동이 만들어지지는 않았는지요? 개에게 '친구'의 관념이 없음을 알지 못하고 친구를 사귀게 하려다 오히려 적개심만 높여 버려 평생 다른 개에 대한 스트레스를 겪으며 살게 할 수 있습니다.

'반려견은 여러분의 말과 생각을 이해하고 있으며, 매일매일 사랑을 표현하고 있다'는 말에 여러분도 사랑하고 있다는 것을 전하고 싶어 원숭이가 새끼를 안고 업어 기르듯 하고, 새끼오리가 어미오리를 쫓아다니듯 어디를 가도 꽁무니를 따라다니게 만들었다면, 인간에 지나치게 의존해 살아가도록 만든 것입니다. 강아지가 여러분의 무릎에 엎드려 쉬고, 여러분의 품에 안겨 새근거리는 모습에 모성애가 우러나겠지만, 반려견의 정신 성장을 가로막은 행동에 지나지 않습니다.

이런 오류는 달콤함이라는 감성 자극에 무장 해제된 반려인들의 실수입니다. 여러분이 개를 잘 기르는 것을 방해하는 감성적 자극과 말과 문구들은 여러분의 반려견을 병들게 만드는 '독사과'가 될 수 있습니다. 달콤함으로 포장된 다양한 독사과들이 반려견에게 접근하기 위해 여러분에게 속삭여 댈 것입니다. 그러니 더 이상 독사과를 건네는 사람들에게 속지 마세요! 하지만, 그 사람들 스스로 사과에 독을 넣은 건 아닐 수 있으므로, 독이든 사과와 멀쩡한 사과를 구분해 내는 일은 여러분의 몫입니다. 그것이 여러분의 반려견을 질병과 심리적 스트레스로부터 지켜 내는 최선의 방법입니다.

녹이 든 사과일지라도 처음 한 입은 달콤하다는 걸 잊지 마세요! 행복을 가져다 줄 처방약이 처음에는 쓰지만, 맨 뒤에는 진짜 달콤한 사탕으로 마무리된다는 것도 잊지 마세요!

즐거워 보이는 몸짓 속에 불안이 숨어 있다

반려인들이 잘못 이해하고 있는 반려견들의 행동들이 있습니다. 많은 사람들이 개들의 행동을 어린아이에게 기준을 두고 해석하는 관계로 개들이 긴장과 불안에 의해 나타내는 행동을 즐겁거나 좋아하는 행동으로 착각합니다. 길을 가다 마주 오는 사람, 특히 강아지에게 예쁘다며 다가오는 사람에게 꼬리 흔들며 다가가거나 매달리고 드러눕는 행동을 '우리 강아지는 사람을 좋아해!'라고 생각하고 있습니까? 누군지도 모르는 낯선 사람을 좋아해야 하는 이유는 무엇이고, 좋아할 수 있는 근거는 어디에 있습니까?

개가 인간과 오랜 기간 함께하다 보니 그렇게 진화되었다고 생각하는

무엇이 개를 힘들게 하는가!

분이 있는가요? 그렇다면 인간으로 태어나 매일을 인간들과 어울려 살아온 여러분은 왜 길을 가다 마주치는 사람이나 말 거는 사람을 얼싸안고 좋아하지 못합니까? 강아지가 낯선 행인에게 애교 부리듯 하는 게 좋은 영향을 줄 거라 생각한다면 왜 여러분의 자녀에게는 그렇게 가르치지 않습니까?

낯선 존재를 좋아하거나 반가워하는 동물이 존재할까요? 낯선 존재를 대하는 개들의 행동이 안정적이지 않다면 심리적인 문제가 일어난 것입니다. 집에 온 손님에게 달려가 장난치듯 매달리고 얼굴이나 손을 핥는 행동도 불안하다는 표현을 아주 크고 명확히 나타내고 있는 것입니다.

개들이 낯선 존재들을 상대로 하는 '안전전략'은 3가지로 축약됩니다. 첫째는 '도주'입니다. 상대가 어떤 위협을 가할지 모른다면 안전을 확보하기 위해 꼬리를 내리고 뒤로 피하면서 안전거리를 유지하려 합니다. 안전거리의 유지가 어렵다면 빠르게 도망침으로써 안전을 확보하려 합니다.

둘째, 상대를 위협하거나 공격하는 것으로 안전을 확보하려 듭니다. 이 전략은 상대를 충분히 제압할 수 있다 여길 때 사용하는 것으로, 자기 무리의 수보다 월등히 많은 수의 상대 무리에게는 사용하지 못하며, 수적으로 우세하거나 비등한 상황에서 자신의 세력권을 방어하기 위한 전략입니다. 여러분의 반려견이 집에 온 손님에게 짖거나 덤벼드는 것과 산책길에서 낯선 개나 사람에게 짖고 위협하는 행동이 여기에 해당됩니다.

세 번째가 바로 저항할 힘도 자신도 없음을 드러내기 위해 꼬리를 빠르게 흔들거나 귀를 뒤로 접었다 폈다를 반복하며 매달리거나 바닥에 드러눕는 '유아기 행동'입니다. 주로 어린 강아지들에서 많이 사용되는 안전전략이지만, 다 자란 개들 중 사람을 무서워하거나 주도적 성향을 띠지 않는 개들에게서도 볼 수 있습니다.

이처럼 개들의 '안전전략'은 하나가 아닙니다. 여러분의 눈에 반려견이 낯선 사람이 좋아 애교 부리는 듯 보일지라도 그 상황에서 반려견은 안전을 확보하기 위해 매우 중요한 수단 하나를 사용하고 있는 상태입니다. 그렇게 행동하면 상대가 위협도 공격도 하지 않을 거라 생각하기 때문입니다. 그 전략이 잘 통하고 있을 때는 다음에도 다시 사용하겠지만, 개를 무서워하거나 싫어하는 사람에 의해 거부당하는 경험을 여러 번 겪게 되면 더 이상 그 전략을 사용하지 않고 다른 두 가지 중 하나로 전환하게 됩니다. 개를 싫어하는 사람이나 무서워하는 사람의 행동은 '방어' 또는 '위협'에 해당되기 때문에 좋아하는 척하는 전략이 더 이상 통하지 않는다 판단하게 됩니다.

혹시, 산책길에서 다가오는 낯선 개를 보고 오래전 친구를 만난 듯 흥분해 달려가려는 반려견과 살고 있습니까? 그렇다면 오래 지나지 않아 반려견이 개를 얼마나 싫어하고 적대시하는지 경험하게 될 겁니다. 반려견들이 산책길에서 마주 오거나 가까이 머무르고 있는 개에게 급하게 다가가려는 행동은 크게 당황했다는 뜻입니다. 특히, 산책길에서 다른 개가 해놓은 마킹을 찾기 위해 전주나 기둥, 벽체의 모서리, 풀과 인도의 경계에 코를 대고 다닌 반려견이라면 더 심한 흥분을 일으킬 겁니다.

반려인의 눈에는 동족을 만나 반가워 달려가려는 것처럼 보이겠지만, 반려견은 이미 다른 개에 대한 '배타성'이 높아져 위험한 상대로 인식해 가고 있다는 표현입니다. 강아지와 함께 상대 개에게 다가가 본 적 있습니까? 그렇다면 반려견이 보이는 모습은 이리저리 빠르게 움직이거나 바닥에 엎드리고 구르거나, 온몸에 꼿꼿이 힘을 주거나, 상대의 생식기 냄새를 맡는 것 중 하나였을 겁니다. 어느 것도 몸을 이완시키고 있지 못할 것이며, 이런 행동을 반복하고 있다면, 다른 개에 대한 적대적 행동이 만들어지고 있을 확률이 높습니다.

개들은 집 밖으로 나서면 움직이는 존재들을 무서워하고 경계하게 됩니다. 바깥 환경이 익숙해질 때즈음 가장 먼저 확인하고자 하는 냄새는 '다른 개의 배설물'인데, 평지에 배설된 다른 개의 오줌이나 똥에 관심 가지기보다 길가의 물체나 도드라진 것들에 묻혀 놓은 오줌과 똥에 집착하는 이유는 그것들이 그 영역의 점유자들이 남겨 놓은 표식이라 여기기 때문입니다.

그렇기 때문에 여러분 반려견이 산책길에서 다른 개의 마킹에 반복적으로 노출되었다면, 길에서 만난 개가 그 냄새의 주인인지 아닌지를 철저하게 확인하고 싶어 합니다. 왜냐하면, 낯선 개들의 영역을 걸어 다니기 위해서는 마킹을 남겨 놓은 개가 어떤 성향의 개인지를 확인해 놓아야 하기 때문입니다. 얼른 다가가 생식기에 묻어 있는 배설물 냄새를 맡아 보

고 이전에 길가에서 맡았던 마킹의 주인인지를 확인하고, 이 개의 성향을
냄새와 일치시켜 데이터베이스화하려는 것입니다. 이 확인 행동은 자신
의 안전과 직결된 생존활동이기 때문에 개들에게는 상당한 긴장과 불안,
흥분이 동반됩니다. 사람들의 생각처럼 친구가 되고 싶어 다른 개에게 달
려가는 게 아니라는 겁니다.

　　　　　　　　　　　　　무엇이 개를 힘들게 하는가!

당신이 개의 편을 들수록 개들은 궁지에 몰리게 된다

10여 년 전에 겪었던 일입니다. 한 중년의 아주머니가 자신의 닥스훈트와 주택가 골목을 걷고 있었는데, 어느 집의 대문 앞을 지나려고 하는 순간 그 집에서 기르는 발바리 믹스견이 대문 틈으로 맹렬히 짖어 댔고, 깜짝 놀란 닥스훈트가 당황하여 도망치려다 산책 줄이 아주머니의 다리를 휘감게 되었습니다. 그 상황에 화가 난 아주머니는 문틈에 코를 바싹 붙이고 있는 발바리를 향해 거친 발길질을 해 댔는데, 대문을 후려 찬다기보다는 발바리를 차고 싶어 한다는 느낌이 선명했고, 여러 차례 발길질을 하면서 매우 저급한 욕설까지 남발하고 있었습니다.

그 모습을 보고 저는 '개를 기르는 사람이라고 해서 꼭 개를 좋아하는 건 아니구나!'라는 걸 깨닫게 되었는데요, 시간이 갈수록 '나에게 가치 있는 것만 중요하다!'는 생각과 '내 것만 소중하다!'는 이기주의적 사고를 가진 반려인들이 많아지고 있음을 느끼게 됩니다. 내 반려견은 착하고 소중하지만, 남의 반려견은 무례하거나 해가 될 거란 생각으로 달갑지 않게 여긴다면 이미 우리는 공유가 어려운 시대에 살고 있습니다.

질문 하나 하겠습니다. 모기와 파리는 인간을 괴롭히는 해충이니 어떤 방법으로든 죽여 없애면 된다는 데 동의하세요? 다시 질문하겠습니다. 엘리베이터에서 만난 개의 위협적인 행동으로 인해 엘리베이터 타는 데 불안과 공포를 느끼는 사람이 있고, 옆집 개의 시도 때도 없는 짖음과 윗집 개의 장난감 굴리는 소리, 뛰어다니는 소리에 노이로제를 겪는 사람이 있다면, 그 사람들에게 개는 유익한 동물입니까? 유해한 동물입니까? 그 사람들에게 유해한 동물이라면 그 사람들의 마음속에서는 모기와 파리 같은 퇴치해야 할 존재, 눈앞에서 사라져야 할 존재로 여겨지고 있을 겁니다. 누군가에게는 미치도록 사랑스러운 존재가 누군가에게는 미치도록 없어졌으면 하는 존재일 수 있습니다.

30여 년 전 집에서 기르던 '스프링거 스파니엘'과 강변으로 산책을 나간 적이 있습니다. 그 당시는 사람들을 위해 조성해 놓은 공원이나 산책로에 개가 출입하는 것이 허용되지 않았기 때문에 사람들의 눈치를 보며 데리고 다녀야 했는데, 저의 반려견이 특별한 문제를 일으키지 않았음에도 산책 나온 비반려인과 단속 요원들에 의해 쫓겨나는 일이 잦았습니다. 그런 시대를 겪었던 저에게 전국의 호수공원과 강변산책로를 마음껏 걸어 다니는 개들을 본다는 건 꿈같은 변화지만, 이제 제 눈에는 비반려인들의 눈치를 보는 반려인보다 산책 나온 반려인과 반려견들의 눈치를 보는 비반려인들이 더 많이 보입니다. 이런 부분이 제 마음을 걱정되게 합니다.

나만 좋으면 되고, 내 강아지만 소중하면 되는 문화는 결국 병들게 됩니다. 반려인들만 만족하면 되고, 비반려인들이 만족하지 못하는 반려문화도 결국 우리 사회에서 개들의 설 자리를 빼앗고 말 것입니다. '개 기르는 사람들이 얼마나 많은데 그런 말도 안 되는 소릴 하느냐?'고 생각하는 사람이 있다면, 그 생각부터가 개들을 궁지로 몰아가는 데 일조하게 될 겁니다. 이미 대형견들에게 '입마개'의 족쇄가 채워지고, 일부의 견종들에게는 다른 개들과 같은 공간에서 머물 기회조차 제한되고 있습니다. 언젠가

무엇이 개를 힘들게 하는가!

는 어린이들의 통학시간이나 유치원과 학교 인근, 어린이놀이터에서도 개들의 활동이 제한되지 않으리라 장담할 수 없습니다.

이 사회는 반려인들만의 사회도 아니고, 반려견들을 위해 구축된 것도 아닙니다. 우리 모두의 사회이고 사람을 위해 만들어 놓은 세상입니다. 반려견들이 사회 구성원 대다수에게 인정받는 존재가 되지 못한다면, 그 사회의 지분을 갖지 못하게 됩니다. 비반려인과 공존할 수 없는 불편과 공포를 안겨 주는 개들에게 이 사회를 양보해야 할 이유는 없습니다. 지금 개를 기르지 않는 사람들이 원하는 것은 개를 퇴출시키라는 것이 아니라, 불편과 공포의 존재로 느껴지지 않도록 길러 달라는 것입니다.

이타적인 마음을 가진 반려인이라면, 개를 소중하게 여기기 전에 자기 동족인 사람을 소중하게 대해 줘야 합니다. 개를 보고 놀라 소리치거나 욕설을 했다고 감정적으로 싸우려는 사람, 개가 짖을 수도 있지 뭘 그런 이해심도 없냐며 뻔뻔한 대응을 하는 사람들이 많아지면 안 됩니다. 결국 이종인 개를 위해 동종인 인간을 멀어지게 합니다. 개를 기르지 않는 사람들과 개를 무서워하는 사람들을 위해 개와 어떻게 반려해야 할지 깊이 고민할 때가 되었습니다.

개가 인간을 위해 태어났기 때문에 우리 곁에 있는 게 아니라, 개의 본성이 인간에게 도움이 되는 오묘한 접점이 존재했기 때문에 친구로 머무르게 된 것입니다. 이제 개들의 본성과 능력을 인간의 삶에 활용할 일은 거의 없습니다. 오랫동안 '사냥', '집 지키기', '호신'의 역할을 해 주었던 개들의 본성이 이제 누군가의 소중한 길고양이를 사냥하고 어린아이나 노약자를 위험에 빠트리고, 이웃들을 괴롭히는 문제를 발생시키고 있습니다.

　반려견 스스로 여러분 가정에 들어온 것도 아니고, 그런 무뢰한이 되고자 한 것도 아닙니다. 선량한 반려인이 아닌, 이기적인 반려인들에 의해 사회의 '선'에서 '악'으로, 괴물이 되어 가고 있습니다. 이 시대를 사는 반려인들에게는 매우 중요한 소명이 따릅니다. 반려인들은 자기 개의 삶만을 그려 가고 있는 게 아니라, 지구상에 존재하는 모든 개들의 삶을 그리는 데 펜을 가져다 대고 있는 것이므로, 최선을 다해 신중하게 자신의 몫을 그려 내야 합니다. 개들이 인간사회의 지분을 받게 만들어 줄 것인지, 유해동물이 되어 퇴출당하게 만들 것인지 이제 여러분의 결정에 달려 있습니다.

　무엇이 개를 힘들게 하는가!

SECTION 2.

무엇이 개를 힘들게 하는가

Chapter 4.
당신의 개는 당신에게 학대받는 중입니다

때리고 굶기는 것과는 비교도 안 되는 엄청난 학대가 일어나고 있다

개에 대한 학대는 '신체(육체)적 학대'와 '정서(정신)적 학대'로 나뉩니다. 때리고 굶기고 추위에 떨게 하는 것들이 신체적 학대에 속하고, 불안과 긴장, 공포 상태를 반복적으로 겪게 하는 것이 정서적 학대에 속합니다.

저는 수년 전 사람 무는 개를 교육시켜 달라는 의뢰를 받고 개가 머물고 있는 작은 사업장을 방문한 적이 있습니다. 10kg도 되지 않는 작은 덩치

무엇이 개를 힘들게 하는가!

였는데, 사무실 출입구 앞에서 긴 줄에 매여 사납게 짖고 있었고 줄은 3m 정도로 길었으며 가만히 누워 있다 갑자기 달려들 경우, 행인들이 무방비 상태로 물릴 수 있는 허술한 상태로 관리되고 있었습니다.

이 개는 원래 이곳에서 살아온 게 아니라, 주민들에 의해 구조된 개였는데 이 개를 구조한 사람들은 매일 저녁 동네 공원에서 강아지 산책을 하다 사귀게 된 반려인들이었습니다. 이 개는 원래 양육자인 할아버지와 단둘이 살았고, 길을 가는 사람들이 잘 보이는 마당 한켠에 묶여 지내고 있었다고 합니다. 그렇다 보니 동네에서 이 개를 모르는 사람은 없었고, 이 개가 할아버지에게 학대당하는 것도 여러 번 목격되었다고 합니다.

개는 할아버지 인기척만 들려도 굴종하듯 드러누워 오줌을 지리거나 구석으로 도망칠 정도로 할아버지를 무서워하고 있었고, 평소 짖거나 무는 개도 아니어서 혼낼 이유도 없는 개가 학대당하는 것을 안타까워한 동네 분들이 '십시일반'으로 돈을 보태 어렵게 데려온 사연을 가지고 있었습니다.

할아버지의 학대로부터 구출된 지 불과 2개월이 지난 시점에서 저에게 교육 의뢰를 한 것인데요, 처음 한 달 정도는 매우 온순하고 상냥해 사무실을 드나드는 모든 사람들에게 애교를 부리던 개가 최근 들어 쓰다듬는 사람을 공격하고, 양육 중인 사람에게도 으르렁거림을 자주 반복하며 먹을 것을 옆에 두었을 때는 아무도 접근하지 못하도록 성질을 부리는 상태로 바뀌어 버렸다는 겁니다. 세상에 없던 순둥이가 구조한 사람들과 양육해 주고 있는 사람마저 통제하고 있는 일이 벌어진 겁니다.

'굴종'과 '통제'는 종이 한 장의 차이입니다. 강자로 보인 할아버지에게는 굴종이라는 방식을 사용한 것이고, 예뻐하고 맞춰 주는 새 입양자들에게는 통제라는 방식을 사용해 자신에게 유리한 조건을 만들어 가는 겁니다.

이제 이 개는 신체적 학대에서는 벗어났지만, 예기치 못한 새로운 문제를 겪게 되었습니다. 집을 방어하기 위한 과민한 짖음을 사용하고 있었고, 방문객을 공격하는 투쟁 상황에 놓이게 되었으며, 양육자들을 통제하는 강자가 되어 사소한 접촉에서의 과민반응은 물론, 비를 피할 곳도 없는 환경에서 살아온 개가 목욕을 시키기 위해 물 한 방울 묻히는 것에도 심한 공격성을 나타내고 사무실 소파에서 통제자적 행동도 보이게 되었습니다.

목을 만지는 것에 예민해져 목줄을 매고 풀 때도 조심해야 하고, 산책을 나서면 크게 흥분하여 이리저리 끌어당기기를 계속하고 마주 오는 사람이나 지나가는 개에게 공격적인 행동을 보이는 지경이 되어 처음에는 몇몇 분들이 산책을 번갈아 시켜주고 있었지만, 더 이상 산책을 시키고 싶어 하지 않게 되었습니다. 저녁이 되면 퇴근하면서 사무실 안에서 지내도록 가둬 두는데 벽체를 훼손하고 문을 긁고 소리 지르는 분리불안 행동도 나타나 버렸습니다.

처음 데려왔을 때는 쓰다듬어 주면 고개를 떨구고 겁먹는 듯하던 개가

무엇이 개를 힘들게 하는가!

머리 한번 쓰다듬을 때도 조심해야 하는 맹견이 되어 버렸다면, 이 개는 불행으로부터 벗어나 행복해진 게 맞습니까?

이제 여러분의 가정으로 돌아와 보겠습니다. 여러분의 반려견은 폭행과 굶주림과 추위로부터 매우 안전하게 살아가고 있을 겁니다. 하지만, 그 3가지에서의 안전을 얻은 대신 다른 위험을 감수하며 살아가야 합니다. '방어'와 '투쟁'과 '통제'라는 매우 두렵고 버거운 삶입니다. 개들은 본디 인간처럼 깊은 잠을 자지 못합니다. 인간을 제외한 모든 동물은 안전한 은신처를 가질 수 없기 때문에 숙면을 취하기 어렵습니다.

하지만, '방어'를 떠맡는 반려견들의 경우 인간의 집이라는 매우 견고한 은신처에 머물고 있으면서도 야생의 개에 비해 더 얕은 잠을 자게 됩니다. 인간의 집 근처는 밤낮없이 외부 존재들의 기척이 감지되기 때문입니다. 방어책임이 없는 반려견들의 경우 반복되는 사소한 소리에는 무반응을 보이게 되지만, 방어를 책임지고 있는 반려견들은 점점 더 예민해질 수밖에 없습니다.

방어를 책임진, 집 지키는 개들은 집 안에서도 몸을 이완시키지 못합니다. 예민한 기질의 개일수록 수면시간이 매우 짧습니다. 예민함이란, 방어와 도주에 최적화되어 있는 기질이기 때문입니다. 하지만, 아무리 예민한 개일지라도 방어책임을 지지 않게 만들어 주면 수면의 질은 높아집니다.

온종일 소리 지르고 벽이나 가구를 물어뜯고 있는 개와 할아버지에게

서너 차례 매 맞는 개 중 누구의 정신이 더 괴롭고 혼란스럽다 생각하세요? 여러분이 개의 입장이 되어 발길질하고 빗자루로 때리는 할아버지를 피해 구석에서 웅크리고 있기를 몇 차례 반복하는 것과 혼자 남겨진 집에서 온종일 손톱이 빠져 나가도록 문을 긁고 벽을 파거나 하울링과 짖음, 괴성을 지르고 있는 당신을 비교해 보세요! 어느 상황에 처해진 당신이 더 괴롭게 느껴지는가요?

육체적 학대는 강도가 높아질수록 정신적 학대를 포함하게 됩니다. 반대로 정신적 학대의 강도가 높아지면 육체적 문제도 따르게 됩니다. 이번 주제에서 말하고자 하는 것은 우리가 단순히 육체적 학대만을 '동물학대'로 인식하면서 반려견들에게 가해지는 '정신적 학대'에 관해 무감각해져 있다는 것입니다.

반려견이 집의 방어를 책임지고 가족을 통제하는 역할에 빠져 있다면, 여러분의 일거수일투족을 살피는 관리자적 행동도 나타나게 됩니다. 밤에 잠을 자다 어느 방에서 작은 소리가 들리면 얼른 쫓아가 확인하려 합니다. 다시 잠을 자다가 이번에는 다른 방에서 소리가 들려도 또 확인하러 갑니다.

불안정한 산책은 바깥에서의 방어행동을 일으키게 되어 다른 개나 사람에게 짖음을 사용하게 만들고 점점 더 불편한 산책으로 이어집니다. 집안에서도 할 일 많고 쉬지 못하는 개가 집밖에서조차 불안과 긴장을 유지한 채 방어와 투쟁을 반복하며 살아간다면, 이 개의 정신은 언제 쉴 수 있

무엇이 개를 힘들게 하는가!

는 건가요?

눈이 튀어나올 듯 짖어 대고 잠시도 집을 비우지 못할 정도의 불안을 나타내며, 산책길에서 방어와 투쟁행위를 일삼고 있다면 고통스러운 삶을 살고 있는 것이 확실하지 않습니까? 이런 행동이 반려인에 의해 부추겨진 것이라면 반려인이 곧 '정신적 학대'를 저지른 사람 또는 저지르고 있는 사람입니다.

반려견의 문제는 반려인에 의한 문제임을 누구나 인식하고 있습니다. 문제행동 교육은 개를 교육하는 게 아니라, 양육자를 교육하는 것이라는 점도 잘 알고 있을 겁니다. 이 두 문장에 동감한다면 반려인이 곧 개의 '정서적 학대자'임도 인정하는 것입니다. 반려인에 의해 제대로 잠들지 못하고 몸을 이완시켜 쉬지도 못하며, 집을 지키기 위해 온몸을 긴장시켜야 하고 혼자서는 잠시도 남아 있지 못하며 집 밖 세상을 얼굴 들어 구경 한 번 못하고 살아가는 괴로운 삶을 부여받는 것입니다.

할아버지에게 매 맞고 살던 개는 자신의 안전을 위해 스스로 할 수 있는 게 있습니다. 할아버지를 불러들이지 않기 위해 섣부른 행동을 하지 않는 것과 할아버지가 화를 낼 때 빠르게 구석으로 숨거나 벽으로 달라붙는 것, 요란한 비명을 질러 대는 것 등의 수단들입니다. 하지만, 할아버지에게서 벗어난 지금 이 개는 자신을 위해 무엇을 해야 되는지 알지 못합니다. 오히려 자기 자신을 엄청난 불안과 긴장, 혼돈으로 몰아넣기를 반복합니다. '신체적 학대'에서 구조된 개가 '정서적 학대'의 세계에 들어간 것입니다. 여러분은 살아오면서 육체적 고통을 감당하기 어려웠습니까? 정신적 고통을 감당하기 어려웠습니까?

'의인화', 개를 사람으로 만들려는 사람들

어린 시절 맹목적인 이끌림으로 개를 따라다니던, 개밖에 몰랐던 소년이 이제 개를 순수한 존재로서의 '개'로 대해 달라 부탁하려 합니다. '정'이 많은 사람은 '연민'을 잘 느끼게 되고 그 마음은 상대에 대한 관심과 배려로 표현되지만, 연민은 일방적인 감정입니다. 동물에 대한 연민이 깊어지

무엇이 개를 힘들게 하는가!

면 '의인화'라는 단계에 접어들게 되고, 결국 개들은 인간도 아니고, 개도 아닌 이상한 동물로 만들어집니다.

개를 위해 인간이 가하는 자극과 속박된 생활은 순수함이라는 측면에서 개들의 삶과 너무 멀어져 있습니다. 개들은 수만 년 전이나 지금이나 변함없이 타고난 그대로를 유지하며 살아가고 있는데, 그 개를 바라보는 사람들의 시각과 태도는 독자적으로 변해 갑니다. 개는 그대로의 '개'인데, 사람들에게는 개가 아닌 존재로 말입니다. 개의 정신이나 생각은 사람과 다르지 않을 거라는 공상이 커지면, 개는 개의 탈을 쓴 인간으로 둔갑됩니다.

만약, 그런 기대처럼 개들이 우리의 생각을 이해하고, 우리와 언어로 소통되며, 우리를 부모로 여긴다면 여러분은 행복할 것 같은가요? 내 마음을 느끼고 공감하는 것으로 인해 감동을 느낄 것 같은가요? 개들이 우리의 생각처럼 우리를 이해하고 있다면, 여러분의 반려견은 이미 오래전에 집을 뛰쳐나갔을 겁니다. 정신이 미쳐 버릴 것 같아 두 번 다시는 인간사회로 돌아오지 않으려 할 것입니다.

개들은 거의 대부분 타의에 의해 새끼를 출산합니다. 사람에게 속박된 개들의 교미는 자연에서와는 달리 암캐에게 선택권이 없습니다. 교미의 선택권은 상대 수캐에게도 있지 않습니다. 웃기게도 개를 기르는 사람에게 있습니다. 만약, 개들이 우리가 생각하듯 소통과 교감이 이루어지고 있다면, 자신들의 의지와 무관하게 매번 교미하고 새끼를 출산해 젖을 먹이고 돌볼 수 있을까요? 자신이 낳은 새끼를 젖도 떼기 전에 사과 상자에 담아 경매장으로 데려가는 사람을 용서할 수 있을까요? 그럼에도 다음번에 똑같이 교미하고 출산하고 젖을 먹이는 과정을 반복할까요?

사과 상자에 담겨 경매장에서 애견샵으로 팔려 가고 다시 여러분에게 팔려 온 강아지는 '저를 입양해 주셔서 고맙습니다!'라며 하루아침에 여러분과 살뜰한 사이로 지낼 수 있을까요? 입양한 사람을 위해 어미와 생이 별하게 되었다는 사실을 알고도 여러분 무릎 위에 엎드려 잠들 수 있을까요? 다행스럽게도 개들은 인간의 언어와 마음으로 소통하지 않습니다. 그래서 개들이 여태껏 우리 곁에 머물 수 있는 것이지, 인간의 마음을 잘 이해해서가 아닙니다.

반려견을 사람처럼 대하는 건 문제될 게 없지만, 사람으로 여기는 건 불행을 자초할 수 있습니다. 개를 사람으로 여기는 사람은 개에 관해 아는 것이 전혀 없습니다. 개에 관해 궁금한 것도 없는 사람입니다. 그냥 사람이라 생각하기 때문에 마음대로 대하고 마음대로 기르려 합니다. 반면, 개를 사람처럼 대하는 사람은 개에 관한 많은 것을 알기 위해 노력합니다. 그래야만, 사람처럼 대해 줄 수 있기 때문입니다.

이런 타입의 사람들은 더 많은 것을 공유하기 위해 개들을 가르치는 것에 인색하지 않지만, 개를 사람으로 여기고 있는 타입의 사람들은 자기만의 정신세계에 빠져 있기 때문에 반려견을 사람으로 대하면 알아서 잘 자랄 것이라 생각합니다. 이런 타입의 사람들의 삶은 반려견에게 맞춰져 있

무엇이 개를 힘들게 하는가!

을 가능성이 크고, 사람보다 개를 우선시할 확률도 높습니다. 부모, 배우자, 자녀보다 개에게 더 애틋함을 가지고 있기 때문에 반려견의 사소한 행동 하나하나에 예민하게 반응하고 몸 달아합니다.

 반려견이 아무리 애틋하고 사랑스럽더라도 지나친 '의인화'에 빠지지 않도록 반려인 스스로 경계해야 합니다. 여러분 반려견이 다리나 어깨에 달라붙어 마운팅을 한다면 여러분을 마운팅의 대상으로 여기는 것입니다. 간식을 먹고 있는 반려견을 쓰다듬거나 안아 주려 했을 때 물거나 으르렁거렸다면 여러분을 먹이경쟁자로 여기고 있다는 뜻입니다.

 '의인화'에 빠진 사람들은 열심히 짖고 있는 개를 달래고 안아 주면 진정할 거라 생각합니다. 분리불안에 빠진 개에게 개들의 방식이 아닌, 아동 분리불안요법을 사용하려 들기도 합니다. '엄마 금세 돌아올 테니 간식 먹고 있어!'라고 말하고 나간 뒤 얼마 지나지 않아 돌아와서는 '엄마 금세 왔지?'라며 간식을 주고 달래는 방식은 '아동 분리불안'에서나 시도되는 것으로 반려견에게 시도하면 안 됩니다. 짖으면 불러들일 수 있고, 돌아오면 친밀감을 표현할 거란 생각으로 인해 매우 많이 짖고, 엄청나게 불안한 개로 성장할 수 있기 때문입니다.

 개를 사람처럼 대하는 건 문제되지 않습니다. '사람처럼'이란, 자식이나 동생이나 친구처럼 대한다는 것이고, 그 안에 나름의 규칙과 질서가 존재함을 의미합니다. 맹목적인 맞추기가 아닌, 내가 자식을 대하는 것처럼, 내가 동생을 대하는 것처럼, 내가 친구를 대하는 것처럼 옳고 그름의 판단기준을 가지고 대하는 것이므로, 지켜야 할 선을 가집니다. 이런 객관성을 유지하고 개를 기르는 사람들은 반려견을 행동문제에 빠지지 않게 해 줄 확률이 높습니다.

또한, 개가 인간 사회에서 미움 받지 않고 살아가도록 돕는 사람들이기도 합니다. 인격화된 존재로서 인간 사회에서 예쁨 받기를 원하는 게 아니라, 문제없는 구성원으로서 예쁨 받기를 원하는 사람들입니다.

이런 생각을 가지고 반려견을 기르는 사람이 많은 국가나 문화권에서는 개들이 평온하게 살아갑니다. 그곳의 반려견들은 짖음과 공격성, 분리

무엇이 개를 힘들게 하는가!

불안 등으로부터 자유롭게 살아가는 행운을 얻습니다. 반면, 개를 사람으로 여기는 국가나 문화권에서는 평온한 개를 만나기 쉽지 않습니다. 그들의 삶이 제대로 된 가이드가 아닌, 길이 어디인지도 모르는 사람에 의해 안내받았기 때문입니다.

'의인화'에 빠진 사람은 개를 괴롭히는 사람입니다. 개의 외모와 전용공간은 멋지게 꾸며 주지만, 속은 곪아 가는 것도 모르는 사람입니다. 개를 모르고 개를 행복하게 만들 수는 없습니다. 개를 사람으로 여기면서 개에게 무엇이 필요한지도 알 수 없습니다. 아무리 사람을 대신해 누군가에게 위안을 주고 둘도 없는 존재가 되었을지라도 그냥 그 자체를 중요하게 여겨야지 구태여 사람으로 둔갑시키려 하면 안 됩니다. 그렇게 하면 할수록 누군가는 더 큰 행복감에 젖을 수 있겠지만, 개들은 점점 더 불안정한 삶, 정신 자립조차 하지 못하는 삶을 살게 됩니다. 잠시도 떨어질 수 없고, 어디를 가도 불안해하며 다른 개들을 엄청나게 두려워하는 삶을 살게 될 확률이 높아집니다. 개들이 '짖음 지옥'에서 살아가는 원인도 지나친 의인화의 영향입니다.

엄마의 껌딱지 막내둥이기 때문이 아니라, 정신 자립이 1%도 되지 않은 '새장 속에 갇힌 개'로 살아왔기 때문입니다. 개의 정신은 과도한 '의인화'로 인해 일생을 새장 속에 살아가는 새와 같아집니다. 의인화에 빠진 사람들은 반려견이 세상을 알지 못하도록 새장 속에 가둬 놓고 자기만족만을 좇는, 그러면서 행복감을 느끼는 이상한 사람들입니다. 마치 영화 '미저리'의 주인공처럼 말입니다

어른이 되지 못하도록 가로막는 이유는 무엇인가

인간은 개의 정신이 정상적으로 성장하지 못하도록 끊임없이 방해합니다. 가만 두면 섭리대로 어른의 모습과 정신으로 성장 할 수 있음에도 유아기 행동을 멈추지 못하도록 계속 들쑤셔 댑니다. 누가 개를 '놀아 줘야 되는 동물'이라 우기려 합니까? 나이가 들수록 모든 동물들의 놀이행동은 줄어들게 되고 그 마지막에 '어른'으로의 탈피가 있습니다. 성체가 된 동물이 어린동물처럼 행동한다면 어른이 되지 못한 것입니다.

여러분의 반려견은 어른이 되었습니까? 1년이 되기 전 성성숙이 되어 있으며, 이미 어른이 되었다는 걸 알고 있습니까? 여러분의 반려견이 5개월령에 이미 사춘기가 되었었음을 인지하고 있었습니까? 혹은 그런 건 알 필요 없이 막무가내로 만지고 장난치고 놀아 주기만을 반복해 왔습니까? 만약 그래 왔다면, 누에고치 안의 번데기가 나방이 되어 나오지 못하도록 가로막고 있는 것과 같습니다. 그런 양육자는 반려견이 자연의 섭리에 따라 성장하는 데 혼란을 일으키는 '가스라이터(gaslighter)'입니다.

여러분의 반려견은 10살이 넘어도 '아기야, 간식 먹자!'라고 하면 어디선가 쏜살같이 달려와야 하고, '삑삑이 장난감'을 가지고 유인하면 3달짜리 강아지처럼 '가르릉'거리며 열심히 당기기 놀이를 해야 합니까?

그런 모습이 어른이 된 개들에게 어울리는 행동인가요? 여러분은 반려견으로 인해 끊임없이 재미를 얻어야만 하는 가요? 꼬마 강아지들이 하는 행동을 나이 먹은 반려견이 반복하고 있다면, 그건 개 스스로 하고 싶어서가 아니고, 누군가 그 행동을 멈추지 못하도록 하고 있기 때문입니다.

 개를 기르는 사람들은 반려생활의 처음부터 끝까지 '개'와 살아가지 않고, '아기'와 살아갑니다. 반려견을 아기로 대할수록 정신성장은 방해받게 되고, 방해받는 일이 많을수록 '육체적 성장'과 '정신적 성장'의 밸런스가 한쪽으로 기울게 됩니다. 자칫 오인하면 신체적으로는 성체가 된 것이 맞는데, 정신적으로는 개 스스로 유아기나 사회화기로 되돌아가려는 것처럼 보일 수도 있습니다. 하지만, 퇴행하려는 게 아닌, 탈피가 이루어지지 못하고 있는 것입니다.

 사람으로부터 정신성장이 방해받는 일로 인해 어린 시기의 정신이나 행동으로 돌아가게 되고, 반려인의 사랑을 갈구하는 꼬마 같은 존재로 살아가기를 원한다고 생각하지는 마세요! 인간에 의해 개들의 정신세계가 엉망진창이 될 수 있을지언정, 인간이 개의 정신 성장마저 역행시킬 만큼 대단한 존재는 아닙니다.

 다 자란 개가 꼬마 강아지처럼 행동하는 건 어른처럼 행동하는 방법을 몰라서이지, 어른이 되고 싶지 않거나 꼬마 강아지로 사는 게 더 좋아서가 아닙니다. 인간에 의해 방해받는 삶은 신체적 발달에 비해 정신적 성장에 문제를 일으킵니다.

 육체와 정신이 나란히 성장할 수 있다면, 짖음과 분리불안, 투쟁 등의 정신적 충격에서 상당히 자유로워질 수 있겠지만, 개가 인간과 살아가는 환경에서 정신과 육체의 밸런스 있는 발달은 그리 쉽지 않습니다. 개의 사춘기 이전부터 시작되는 어미의 역할이 인간의 품에서 완전히 차단되기 때문입니다. 정신성장은 개가 떠돌이로 혼자 살아가거나 개들끼리만 무리지어 살아갈 때 자연스럽게 일어나게 되는데, 그런 상황에서는 성장을 방해하는 요인은 없고 성장을 돕는 요인들만 있기 때문입니다.

개들의 정신 성장은 개를 양육하는 반려인에 의해 '좌지우지'됩니다. 반려인이 어떤 의식을 가지고 있는지가 개의 정신세계를 '평온'이 많은 정상으로 만들 수도 있고, '불안'이 많은 비정상으로 만들 수도 있습니다.

솔직히 말해 이미 강아지와 놀 만큼 놀고 장난칠 만큼 장난치지 않았습니까? 반려견이 원하기 때문에 계속 놀아 주고 있다는 생각을 하고 있습니까? 하지만, 반려견이 꼬마처럼 촐랑거리며 장난치기를 원하고 있기보다 여러분 마음속에 '너는 어른이 되지 말고, 일생을 아기 강아지로 머물러 있었으면 좋겠어!'라는 욕심이 자리 잡고 있지는 않은가요?

여러분의 반려견은 단 하루도 고독하면 안 됩니까? 단 하루도 사색에 빠져 있으면 안 되는 건가요? 반려견이 태엽인형 같은 발걸음으로 여러분을 쫓아다니기를 바란다면, 생을 다할 때까지 그렇게 행동하기를 바란다면 할 말이 없습니다. 하지만, 꼭 부탁하고 싶은 게 있습니다.

단, 한 달만이라도 어른으로 살아 볼 기회를 주세요! 한 달만이라도 어

무엇이 개를 힘들게 하는가!

른으로 대해 주세요! 그렇지 않으면 여러분이 그토록 아끼고 사랑하는 반려견은 일생을 '육체는 어른이지만, 정신은 어른이 되지 못한 상태'로 살다 갑니다.

지금 이 순간 당신의 개는 무엇을 하고 있는가

지금 여러분의 반려견은 어디에서 무엇을 하고 있는지요? 혹시 무릎 위에 자리를 잡았거나, 몸에 바싹 붙은 채로 잠을 자고 있습니까? 아니면, 멀찍이 엎드려 발사탕을 빨고 있거나 털을 깨물거리거나 심하게 긁고 있지는 않습니까? 장난감을 마구 흔들어 대며 이곳저곳을 뛰어다니고 있지는 않은가요? 방이나 거실 바닥을 하염없이 핥고 있거나, 어딘가를 발톱이 닳아 없어질 만큼 긁고 파고 있지는 않습니까?

실내생활을 하는 개들에게서는 자기 신체에 가하는 정서불안 행동이 쉽게 나타납니다. 정서불안에 의해 앞발을 자주 핥는 행동이나 귀를 자주 긁는 행동, 발톱을 씹는 행동, 몸의 털을 끊는 행동, 꼬리나 허벅지를 공격하는 행동 등 여러 가지로 나타날 수 있는데, 이런 스트레스 반응은 반려 가족이 근처에 있을 때 심하게 나타납니다.

발을 핥거나 털을 끊는 행동은 가려울 때 하는 행동과 구분하기 어렵다 보니 행동이 한동안 반복되고 난 후에야 진료를 받게 되는데 동물병원에서 원인을 찾을 수 없었다면 반려견에게 이미 상당한 스트레스가 쌓여 가고 있음을 의미합니다. 원인을 알 수 없는 반복되는 핥기나 털 끊기의 배후에는 스트레스라는 복병이 자리 잡고 있으며 그 스트레스는 집 안과 집 밖에서 골고루 일어나고 있습니다.

자기 꼬리나 허벅지를 공격해 상처 내거나 피 흘리는 개들을 본 적 있으세요? 이런 행동은 자해에 해당되기 때문에 심각한 강박증을 겪고 있는 것입니다. 정서불안에 의한 행동들은 떠돌이나 야생의 개들에게서는 나타나지 않고 사람과 살아가는 개들에게서만 나타나는 '반려견병'입니다.

무엇이 개를 힘들게 하는가!

여러분이 외출하거나 출근을 한 경우라면 어떨까요? 분리불안성 물어 뜯기가 아니라면, 대부분의 개들은 가족이 아무도 없을 때 발사탕을 빨거나, 바닥을 핥거나, 장난감을 가지고 뛰어다니거나, 자기 신체를 자해하지 않을 겁니다. 사람과 살아가더라도 실외에서 생활하는 개에게는 이런 행동들이 좀처럼 나타나지 않습니다. 이것은 과연 무엇을 의미하는 것일까요?

여러분의 반려견이 강박행동을 나타내고 있다면, 두 가지를 되짚어 봐야 합니다. 하나는 외부가 아닌 집 안에서 장난감 던져 주기나 당기기 놀이를 자주 해 오지는 않았는지, 다른 하나는 사춘기 기간 동안 다른 개와 자주 접촉시키거나 산책길에서 다른 개의 마킹을 찾아다니는 걸 방치한 건 아닌지의 사항입니다. 이 두 가지의 반복과 허용은 반려견의 정서를 불안정하게 만드는 가장 큰 요인이며, 개의 '평온'을 깨트려 불안, 초조한 일상을 이어 나가도록 만드는 원흉이기도 합니다.

예전 어느 반려인과 반려견의 심리 문제를 상담하던 중 "선생님, 저희 강아지는 하루 종일 가만히 있지를 못하고 집 안을 뛰어다니고 사람을 쫓아다녀 생활이 불편할 지경입니다. 친구네 강아지는 손님이 와도 자기 방석에 누워 눈만 깜박거리던데 그렇게 부러울 수가 없었습니다!"라며 본인의 반려견도 그렇게 편안하게 생활하도록 만들어 줄 수 있을지를 물어 왔습니다.

그 말을 들은 저는 "혹시 집에서 매일 장난을 쳐 주거나, 아기 다루는 듯한 말을 걸거나 만지고 안아 주기를 하고 있지는 않습니까?"라고 물었는데, 그분이 하는 말이 "그러면 안 되나요?"였습니다. 반려견을 잠시도 가만있지 못하게 부르고 장난치고 만지고 흥분을 부추기는 말로 자극을 가해 쉴 틈을 주지 않는 반려인이 뜬금없이 강아지가 차분해졌으면 좋겠다는 건 자신과 반려견에게 매우 큰 걸 바라고 있는 것입니다.

강아지를 차분하게 만들어 주는 방법은 복잡한 게 아니지만, 이런 분들에게는 아주 힘든 자기 수양 수준의 솔루션이 제공됩니다. '강아지가 없는 것처럼 행동하라!'입니다. 단 한 달만 그렇게 할 수 있다면, 제아무리 불안정하고 강박적인 개들도 변하게 됩니다. 반면, 반려견을 잠시도 가만히 두지 못하는 사람들은 자신을 절제하기 힘들어 정서불안이나 우울증이 걸릴 수도 있습니다. 만약, 그런 일이 벌어진다면 훈련사나 행동상담사가 아닌, 심리상담사나 신경정신과 전문의와 상담해야 합니다.

반려인들 중 '병 주고 약 주는 사람'이 적지 않습니다. 입양 초기부터 사춘기까지의 양육이 개의 일생에 어떤 영향을 미치는지 들어 알면서도 자기 만족감에 빠져 강아지를 자극하고 그 자극을 반사받아 힐링의 수단으로 삼는 사람들이 있습니다. 진짜 행복은 쉽게 얻어지지 않습니다. 본인은 힐링이 되고 있을지 모르나 강아지는 성장해 가면서 점점 마음의 병을 쌓아 갑니다.

강아지를 쉬게 해 줘야 합니다. 아예 만지거나 놀아 주지 말라는 것이 아니라, 부추기려 하지 말라는 뜻입니다. 강아지들은 가만히 두면 그리 오래 장난치지 않습니다. 하루의 대부분을 잠을 자야 할 강아지를 깨우고 부르고 만지고 안아 주고 장난치기를 통해 쉬기보다 많이 움직이도록 조장하고 있습니다. 잠을 자야 할 시간에 사람을 쫓아다니고 장난감을 물어 흔들고 있다면, 그 강아지의 정신이 안정적으로 성장할 가능성은 매우 낮아집니다.

강아지가 스스로 놀자고 할 때만 놀아 주고 놀이에 흥미를 잃으면 그대로 둬야 합니다. 놀다가 쉬러 가는 강아지를 삑삑이 장난감으로 다시 유인하면 안 됩니다. 여러분은 즐겁겠지만, 강아지는 마음이 불안해집니다. 또한, 사춘기 기간에 다른 개들을 의식하도록 만들면 안 됩니다. 다른 개를 상대로 하는 긴장되고 흥분된 행동들을 할 기회를 주지 말아야 합니다. 그런 것들을 신경 쓰지 않으면 앞발을 심하게 핥고 털을 잘근잘근 끊거나, 자기 신체에 공격을 가하는 개로 성장할 수 있습니다. 반려견들이 일으키는 대부분의 정서적인 문제는 사춘기 기간에 만들어지는 것입니다.

짖음과 분리불안의 구렁텅이로 몰아넣다

반려생활을 힘들게 만드는 개의 행동문제들은 개 스스로 만들어 내지 못한다고 설명한 바 있습니다. 하나의 문제행동이 독단적으로 만들어지는 경우는 없으며, 하나의 행동이 다른 하나로 이어지는 연속성으로 인해 짖음과 분리불안이 나타나게 됩니다.

어떤 사람들은 짖지 않던 반려견이 어느 날 갑자기 짖게 되었다고 생각하지만, 짖음이 만들어지려면 그에 앞서 몇 가지의 주도행위가 나타나야 하고, 집을 지키는 방어책임과 가족에 대한 우위성이 바깥 환경에서의 배타적 행동과 결합되면 '분리불안'이라는 최종 단계에 이르게 됩니다.

집을 지키려는 짖음과 산책길에서 다른 존재들에 대한 짖음, 가족이 모두 외출하는 걸 막으려는 '짖음형 분리불안'은 모두 개의 책임감에 의한 행동입니다. 가족모두가 반려견에게 맞춰 줘 온 가정이라면 분리불안을 피하기는 매우 어렵습니다. '맞춰 준다'는 말은 인간의 관점에서는 배려하는 것이지만, 개의 관점에서는 '추종'이 됩니다. 가만히 있는 반려견에게 추종하는 듯한 행동을 지속해 왔다면, 집 안에서의 모든 주도권은 당연히 반려견에게 있는 것이고, 산책을 하면서도 모든 걸 맞춰 왔다면, 집 밖에서의 주도권도 반려견에게 있습니다.

무엇이 개를 힘들게 하는가!

열심히 짖고 있는 반려견의 모습이 즐거워 보이던가요? 온종일 현관 앞을 떠나지 못하고 소리 지르는 반려견의 모습이 행복해 보이던가요? 인간과 살아가는 개들이 겪는 최고 수준의 강박행위는 분리불안입니다. 어떤 이들은 분리불안에 걸린 반려견의 모습을 보고 충격을 받거나 마음이 아파 눈물을 흘리기도 합니다. 하지만, 여린 마음을 가지고 있다면 그것을 고쳐 주기는 매우 어렵습니다.

'반려견 행동이론'에서 짖음은 여섯 번째 주도행위로 규정하고 있고, 짖음형 분리불안은 8번째 주도행위로 규정합니다. 짖음형 분리불안을 나타내는 거의 대부분의 반려견들은 가족에 대한 통제권을 행사함과 동시에 상당히 많은 부분들에서 간섭행위를 드러내 보입니다.

이 두 가지 문제는 매우 단순한 이유로 만들어지는데, 첫째는 반려견을 대하는 양육자의 태도가 어린 강아지의 행동과 흡사하게 비춰진 것, 둘째는 주도권을 상실한 것, 셋째는 배타성을 길러 준 것입니다. 이런 행동이론을 모르는 대부분의 반려인들은 너무 일상적으로 그런 것들을 되풀이하다 결국 문제가 커진 뒤에야 교육을 시도하려 듭니다. 하지만, 개의 짖음 문제를 해결하는 것은 생각보다 만만치 않습니다.

제아무리 경험 많은 훈련사에게 도움을 요청한들 짖음을 사용하지 않게 만드는 일은 매우 어렵습니다. 왜냐하면, 집 안의 대표가 된 반려견을 평구성원으로 되돌려 내는 작업이 순탄치 않기 때문입니다. 대표성을 가진 군집동물이 그 대표 자리를 쉽게 내려놓는 경우는 없습니다. 갯과 동물들의 무리에서 대표를 바꿔 내는 유일한 방식은 구성원 전체가 대표로 인정하지 않는 것입니다.

대표를 제외한 전체가 대표성 박탈에 동조하지 않는다면 무리는 구성원 간 전투로 인해 큰 손실을 입게 되므로 '전체 동조'는 곧 무리의 손실을 최소화하고 어느 누구도 다치지 않도록 하는 최선의 방식입니다. 이 말은 대표성에 의해 만들어진 짖음, 공격성, 분리불안 문제를 해소하기 위해서는 가족 일부의 노력이 아닌, 전체 구성원의 동일한 노력이 요구됨을 의미합니다.

개들은 짖고 싶어 하지 않습니다. 짖고 싶어 짖는 게 아니라, 등 떠밀려 죽을힘을 다해 짖고 있습니다. 짖음은 개 무리의 대표가 가장 선두에 나서서 보여 줘야 하는 책임이자 권한이기 때문입니다. 소형반려견이 수십 배 이상 큰 덩치의 인간을 방어하는 일은 엄청난 스트레스에 반복 노출되는 것입니다. 그런 이유로 짖음이 심한 개들은 심장을 비롯해 여러 신체가 상하게 됩니다.

추종자처럼 개의 행동에 따르고, 개가 원하는 걸 들어주는 일들이 온 가족에게서 골고루 반복되어 왔다면 짖음은 더 일찍 시작되고 강도가 더 높아집니다. 예민한 개들의 짖음은 더 급박하고 오래갑니다. 예민하다는 말은 '야생성'이 높게 유지되고 있음을 말하는데, 스피츠 계열의 개들이나 종류에 관계없이 빠르고 예민한 타입의 개들에게서 짖음은 더 빠르게 발달하고 고쳐 내기 어렵습니다.

단순히 성격이 그러해서가 아니라, 야생성이 높은 개라면 무리 내에서의 '주도성'을 빠르게 획득하려 하고 무리근성이 더 견고하게 갖춰지기 때문입니다. 어린 강아지를 입양해 만지고 놀아 주고 싶은 마음은 전 세계 모든 사람이 같겠지만, 그 마음을 참는 사람과 참지 못하는 사람의 차이가 결국 개의 어깨에 '책임'이라는 짐을 얼마나 크게 올려놓느냐의 차이가 됩니다. 지구상 어느 곳에서 살아가든 개들의 본성은 똑같습니다. 하지만, 나라마다 개를 대하는 의식과 가치관의 차이는 분명하게 있습니다.

　짖고 무는 개가 많은 나라나 문화권이 있고, 반대로 온순한 개가 많은 나라와 문화권이 있습니다. 여러분이 다른 나라를 여행했을 때, 그곳에서 만난 대부분의 개들이 안정적이고 온순했다면 그곳 사람들이 반려견을 기르는 방식이 개에게 짐을 지워 주지 않는 문화를 가지고 있음을 의미하고 또 다른 곳을 여행하면서 만난 개들 상당수가 짖고 공격적이었다면, 그곳의 반려인들은 개에게 지나치게 맞춰 주는 양육형태를 가지고 있음을 의미합니다.

　여러분은 반려견에게 얼마나 많은 부분들을 맞추고 있습니까? 더 직설적으로 말해 얼마나 충복처럼 추종하고 있습니까? 전혀 그렇지 않은 분이라면 반려견은 짖음과 분리불안에서 자유롭게 살아가고 있을 것이고, 일상적으로 그런 것 같다는 분이라면 분명 그 두 가지에서 자유롭지 못한 반려생활을 지속하고 있을 겁니다. 어떤 경우라도 짖음과 분리불안을 겪는 반려견은 행복하지 않습니다. 그 두 가지가 개를 병들게 만드는데 어떻게 행복한 개가 될 수 있을까요?

사랑과 배려의 척도는 모든 사람이 다릅니다. 나의 생각과 가치관을 기준으로 다른 사람이 개를 대하는 태도를 평가해서는 안 되며, 언제든 나의 기준이 틀릴 수도 있다는 허용적 자세를 가져야 합니다. 누가 더 잘 기르는지, 누가 더 사랑하는지, 누가 더 좋은 반려인인지에 관한 기준은 누구도 제시할 수 없습니다. 다만, 집을 지키지 않는 개와 분리불안을 겪지 않는 개가 월등히 편안하게 잘 살고 있다는 것과 동시에 그 개의 양육자가 훨씬 더 반려견을 고생시키지 않는 사람임은 판단기준으로 삼을 만합니다.

고쳐 줄 마음이 없다면 기르지 마라

혹시 당신은 '개에게는 관대하면서 인간에게는 관용을 베풀지 않는 사람'은 아닌가요? 스스로 판단이 서지 않는다면 글을 계속 읽어 나가다 보면 기준이 서게 될 겁니다. 이번 주제는 '개를 기르면 안 될 사람'에 관한 내용입니다.

저는 반려견 교육 상담을 해 오면서 특이한 일들을 자주 겪는데요, 그중 하나가 '개의 짖음 소음'으로 인한 아래윗집 간 다툼에 관련된 것입니다. 특이하게도 개를 기르는 가정에서 교육을 신청하는 게 아니라, 개를 기르지 않는 이웃집에서 신청하는 경우가 심심찮게 있습니다. 개 짖는 소리에 스트레스를 얼마나 받았으면, 자기 돈을 써서라도 짖음에서 벗어나고 싶었을까요?

무엇이 개를 힘들게 하는가!

'우리 강아지는 괜찮은데, 남이 괜히 예민반응 한다!'고 생각한 적 있습니까? 길을 가다 행인에게 짖고 달려들어 엄청난 스트레스를 주었으면서도 '개가 그럴 수도 있지, 뭘 그렇게 화내냐!'는 식으로 반응한 적이 있습니까? 분리불안에 걸려 온종일 울고 짖고를 반복해 동네 사람들을 노이로제에 걸리게 만들어 놓고도 전문가와의 상담 없이 버티고 있지는 않습니까?

여기에 해당되는 사람이라면 '개에게는 관대하고 인간에게는 관용을 베풀지 않는 사람'입니다. 지각 있고 남을 배려하는 반려인들이 많다 한들 이런 일부의 반려인들에 의해 반려인 전체의 격이 낮아지게 됩니다. 또, 이런 반려가정에서 살아가는 반려견은 몹시 불행합니다. 짖음이 생기면 짖지 않도록 교육해 바깥 소리에 예민하지 않게 살게 해 주고, 분리불안에 하루 종일 괴로워하면 끈기 있게 고쳐 주어 혼자서도 쉴 수 있게 해 주고, 산책길에서 행인이나 개들을 위협하면 그럴 필요 없이 편하게 걷도록 해 주는 가정에 입양되었다면 좋았으련만, 자기 개는 소중히 하면서도 남에게 배려하지 않는 반려인을 만나 미운털 박힌 신세로 살아가고 있으니 말입니다.

'반려견을 입양했으면 끝까지 책임져라!'는 말을 합니다. 거기에서 '끝까지'는 무엇을 말하는 것입니까? 가족이 되었으니, 어떤 일이 있어도 생사고락을 함께하라는 말인가요? 아니면, 무탈하게 잘 살 수 있도록 최선을 다하라는 뜻인가요? 개들은 양육자가 부자인지, 가난한지, 잘난 사람인지, 못난 사람인지 알지 못합니다. 철없는 초등학생들처럼 몇 평짜리 아파트에 사는지나 부모가 얼마나 값비싼 자동차를 소유하고 있는지에도 관심이 없습니다. 반려견들이 내면 깊숙이 바라는 한 가지는 불안하지 않은 삶입니다.

짖음과 분리불안에 의한 정신적 고통을 겪는 반려견들은 점점 더 많아지고 있습니다. 반려견은 온순하고 착한데 피치 못할 사정으로 돌볼 수 없게 된 상황이라면 잘 길러 줄 사람이 얼마든 있겠지만, 아무리 예쁘게 꾸며진 반려견일지라도 짖음과 분리불안, 공격성의 문제를 가지고 있다면 얘기가 달라집니다. 이런 개들은 아무도 새로운 가족이 되어 주지 않습니다.

개들의 행동문제를 '나는 괜찮아!'라며 얼렁뚱땅 넘기려 하지 마세요! 과민한 수준의 짖음과 공격성은 눈에 보이는 것보다 훨씬 더 큰 심리적 불안정을 겪게 합니다. 이런 심리적 불안정을 반복하게 되면, 정신적 혼

무엇이 개를 힘들게 하는가!

돈이 따르게 되는데, '혼돈'은 자연 상태에서 겪을 수 없는 '정신적 과부하'를 의미합니다. 정신적 과부하를 완화시켜 주지 않으면 개들은 병에 쉽게 걸리고 빨리 노화됩니다. 경우에 따라 인지기능장애 등의 뇌질환으로 온전한 삶을 지속하지 못하게 될 수도 있습니다.

자신이 어떤 잘못된 행동을 했는지, 어떻게 풀어 나가야 할지 갈피를 잡지 못하겠다면 문제가 더 커지기 전에 경험 많은 훈련사의 도움을 받거나 제대로 된 정보를 찾기 위해 노력해야 합니다. 이런 조언조차도 받아들이지 않겠다면 단연코 '개를 기르면 안 될 사람'입니다. 그런 사람보다 개를 못 기를 사람은 세상에 없으며, 그런 환경보다 개를 힘들게 하는 환경도 없기 때문입니다. 많은 비용을 들여야만 문제가 해결되는 게 아닙니다. 양육자가 먼저 자신의 생각과 행동의 기준을 바로세운 뒤 반려견과의 관계를 다시 만들어 갈 시간만 투자하면 됩니다.

어느 가정의 반려견이 타인 또는 다른 개와 동물을 위협하고 공격한다면 그 책임은 양육자에게 있고, 양육자는 당연히 강력하게 처벌받아야 마땅합니다. 나라마다 개들이 일으키는 사고에 대한 처벌의 수위가 다르지만, 처벌이 약한 나라에 살고 있다 해서 쉽게 여길 문제가 아닙니다.

개를 두려워하는 사람의 마음을 깊이 생각해 본 적 있습니까? 어린 시절 남의 개로부터 위협받았거나 물린 사람이 평생 동안 그 트라우마에서 벗어나지 못한다는 것도 알고 있습니까? 저는 이런 일을 겪은 사람 중 대문 안에서 무섭게 짖는 개로 인해 집으로 가는 가까운 길을 두고 아주 멀리 돌아가야만 하는 사람을 본 적 있습니다. 하지만, 그 개의 양육자는 그런 것에 관심이 없습니다.

왜 개를 기르는 사람이 아닌, 개를 기르지 않는 사람이 고통을 감내해야 하는 건가요? 개를 좋아하는 것도 사람의 성향이고, 개를 싫어하는 것도 사람의 성향입니다. 다양한 사람들이 살아가는 인간 세상에서 개를 입양하고자 마음먹었다면, 다른 사람들에게 피해 주지 않고 기를 각오를 한 것이 아닌가요? 그렇다면, 반려견이 타인이나 다른 개나 동물을 공격하거나 위협하지 않도록 매우 철저하고 까다롭게 훈육하고 훈련시켜야 합니다.

그럴 생각이 없다면 애초에 입양하지 말아야 하고, 이미 기르고 있는 사람이라면 점점 더 강화될 처벌법규에 따른 엄청난 비용과 책임을 감수해야 할 것입니다. 반려견이 고의든 실수든 저지른 사고에 대한 책임은 양육자에게 있으므로 사고를 막지 못한 반려인은 범죄를 일으키거나 방조한 사람에 해당됨을 잊지 마세요!

'내가 우리 강아지를 제일 사랑하고 위하는 사람'이라는 착각을 버리세요! 반려견이 많이 짖고 자주 사람을 문다면 그 생각은 완전히 틀렸습니다. 하루도 편하게 쉬지 못하고 긴장과 불안으로 지내고 있다면 어떻게 사랑했고 어떻게 위해 줬기에 그렇게 된 건가요? 제발 고쳐 주세요! 제발 방치하지 말고 노력해 주세요! 개들이 긴장과 불안에서 해방되도록 가르치세요! 고쳐 줄 마음이 없다면 아예 기르지 마세요! 지금 이 순간에도 선량한 활동가들이 가슴 절절함으로 땀 흘리고 있고, 애틋한 마음의 후원자들이 고통을 분담하고 있습니다. 이 사람들이 무슨 죄를 지었기에 누군가가 개들에게 저지른 잘못을 대신 속죄하고 있는 겁니까?

Chapter 5.
가짜 부모의 방임! 훈육 없이는 평화도 없다

어미의 훈육은 간식놀이에 빠진 당신보다 100배 더 단호하다

개를 기르는 것은 개를 어린아이에서 어른으로 성장시키는 것입니다.
많은 사람들이 개를 양육하는 것과 훈련하는 것을 따로 분리하고 있지만,
사실 훈련이란 훈육에 동원되는 갖가지 방식일 뿐입니다. 반려견을 기
르는 사람들이 훈련소나 교육센터에 훈련을 의탁하거나 레슨을 받는 것
은 개를 잘 성장시키기 위한 트레이너 개인의 방법을 공유하는 것이지,

무엇이 개를 힘들게 하는가!

'1+1=2'라는 정해진 답을 찾는 것이 아닙니다.

훈련은 곧, 훈육의 연장선에 있는 것인데, 훈육 시기를 놓친 개들이 훈련이라는 이름으로 다시 훈육받게 되는 것이죠! 가정에서 양육자에 의한 훈육이 제대로 일어났다면, 더 이상의 훈련은 필요치 않게 되고 독스포츠를 즐기는 단계로 넘어갈 수 있게 됩니다.

한마디로, 양육과 훈육은 따로 있는 것이 아닙니다. 양육이 곧 훈육이고 훈육이 곧 양육입니다. 이 두 단어의 공통점은 '잘 기르는 것', '세상을 공유할 수 있는 개로 성장시키는 것'입니다. 세상에는 수많은 트레이너들이 있고, 여러 가지 훈련기법들이 공존하고 있지만, 결국 훈육은 어미 또는 무리 구성원에 의해 시작되고 마무리되는 것입니다. 이 책을 읽고 난 후에도 훈육을 어떻게 해야 할지 기준이 서지 않는다면 힘들더라도 다시 한번 정독하기를 당부드립니다.

훈육은 어미에게서 시작되고 성체들에 의해 집단화됩니다. 그러므로 훈육의 당사자인 반려가족의 '주양육자'는 '어미'의 역할이 되고, 나머지 가족은 '성체'의 역할로 동참해야 합니다. 어미의 훈육은 다른 어떤 성체들보다 단호하고 일관적입니다. 시골에서 살아 본 사람들이라면 동네 누렁이나 발바리가 출산한 새끼를 얼마나 매정하게 대하는지를 보고 듣게 됩니다.

개의 훈육은 대화를 통해 서로의 생각을 조율하거나 다독거리며 타이르거나, 벌을 세우는 게 아닙니다. 개들의 가르치기는 정해진 규칙을 지키도록 하는 요구입니다. 정해진 규칙이란, 어미가 싫어하는 행동을 하지 못하도록 하는 것인데, 어미의 성향에 따라 규칙은 한두 가지에서 여러 가지가 될 수 있으며 어미가 새끼에게 전달하는 요구 신호는 단 3가지밖에 없습니다.

첫 번째 신호는 '으르렁'이고 두 번째 신호는 '일어서기'이며, 세 번째 신호는 '물기'입니다. '물기'는 개들의 통제행위 중 최종단계이므로 새끼를 대하는 어미의 훈육은 어린아이를 기르는 엄마의 훈육과는 달리 매우 단호하다는 것을 알 수 있습니다. 어미가 새끼를 물 때 타격을 가하는 가격점은 정해져 있습니다.

어미가 훈육을 위해 타격을 가하는 얼굴 상단과 머리 부분을 행동이론에서는 '1차 가격점'이라 부릅니다. 덩치 큰 어미가 조그마한 새끼를 다치지 않게 하면서도 강한 타격을 입힐 수 있는 유일한 신체가 머리이기 때문입니다. 미숙한 어미가 가격점을 제대로 조준하지 못하게 되면 새끼의 눈이나 신경을 다치게 할 수 있기 때문에 물기를 통한 훈육의 초기에는 이빨만 가져다대는 정도에서 점차 강한 타격을 입히는 식으로 높여 가게 됩니다.

이런 어미의 훈육이 새끼를 미워하거나 학대하는 걸까요? 어떤 반려인들 중에는 반려견의 의사와는 상관없이 교미를 시키고 출산하게 해 놓고는 어미가 자기 새끼를 훈육하는 것을 방해하는 사람들도 있습니다. 개에게는 배우자를 선택할 권리도, 교미와 출산을 결정할 권리도, 새끼를 양육하고 훈육할 권리도 없는 건가요? 새끼를 훈육하려는 어미를 되레 혼내고 막아서는 사람들은 누구에게서 권한을 받은 것인가요? 인간의 간섭은 부자연스러운 것이지만, 어미가 새끼에게 하려는 일은 자연에게서 받은 권한입니다.

어미에게서 새끼를 빼앗아 오는 데 동조한 여러분은 어미 대신 무엇을 가르치고 있는가요? 어미는 새끼가 자신에게 심한 장난을 치거나 함부로 매달리거나 귀찮게 할 때마다 혼내 주어 무례한 행동을 하지 않도록 가르치는데 여러분은 그런 상황에서 어떻게 대응해 왔던가요? 강아지에게 화내면 마음에 상처를 입을까 봐 소리 한 번 제대로 지르지 않고 간식통부터 찾지는 않았습니까? 궁둥이라도 한 대 내려치고 싶어도 다른 가족들이 반기를 들까 눈치 보느라 '간식 줄 테니 나한테 그러지 마!'라고 부탁하지는 않았습니까? 그래 왔다면 어미가 자연으로부터 부여받는 권한과 조상 대대로 이어져 온 후손들을 위한 훈육은 중단된 것입니다.

인간이 인간을 가르치는 훈육과 교육의 방식이 변한다 해서 개들의 훈육방식이 따라 변화하지는 않습니다. 지금으로부터 1,000년이 지난 미래에도 개의 어미는 그들 본연의 방식 그대로 새끼를 훈육하려 할 것입니다. 이것은 무엇을 의미할까요? '개들에게는 개들 고유의 훈육이 필요하다!'는 것입니다. 인간의 지능이 아무리 높다 한들 어찌 자신의 자식도 제대로 가르치지 못하면서 어미가 따로 있는 강아지를 인간 방식으로 가르치고자 하는 걸까요?

인간의 선량한 마음만으로는 어미를 대신할 수 없습니다. 아무리 적재적소에 칭찬과 보상을 잘 제공해 왔더라도 어미처럼 단호한 존재가 아니라면 강아지는 성장하면서 자기판단에 빠지게 됩니다. 그게 바로 조급한 판단에 따른 긴장과 불안, 공포가 크게 만들어지는 이유이며, 그 심리가 '문제행동'이라 불리는 것들로 표현됩니다. 저는 이런 자기판단에 의한 행동문제들을 어미 훈육법 이외의 방법으로 막아 줄 수 없다고 확신합니다.

행동문제들의 표출은 개가 자기판단에 빠져 있음을 의미하고 자기판단은 결국 모방의 대상이 없었음을 의미하는 것입니다. 무리를 구성하고 살아가는 개들에게서 자기판단에 의존하는 개는 곧 주도성을 확보한 존재입니다. 그 존재가 방어를 위해 짖고 질서 유지를 위해 힘을 과시하는 걸 칭찬과 보상, 무시라는 수단만으로 만족할 수준까지 이끌어 가지 못합니다. 그런 걸 기대한다면 개를 멍청하면서 특성 없는 동물로 치부하는 것입니다.

칭찬과 보상은 그에 대한 기대심을 가지게 만들 수는 있겠지만, 문제행동의 시작점인 무리근성과 주도성을 낮춰 주지 못합니다. '반려견행동기반교육'의 모티브가 바로 '어미의 훈육법'이고, 그 속에는 개들의 무리근성을 억제하는 것이 아니라, 그대로 유지하면서 수평관계를 만들려는 최종 목적이 있습니다.

어미의 훈육을 따르지 않고 인간 마음대로 만들어 낸 그 어떤 형태의 퍼피트레이닝도 어미가 목적으로 하는 '모방학습'을 통한 성장 발달을 대신

무엇이 개를 힘들게 하는가!

하지 못합니다. 왜냐하면, '모방학습'은 따를 만한 위엄 있는 존재에게서 배우는 학습법이기 때문입니다. 별것도 아닌 행동마다 칭찬하고 간식을 주는 존재는 배울 만한 게 있지도 않고, 그래야 할 이유도 제시하지 못합니다.

여러분들은 생각해 본 적 없겠지만, 어미개는 새끼를 훈육할 때 칭찬도 예뻐하는 행동도 하지 않습니다. 어미가 새끼를 훈육할 때의 모습을 처음 본 사람은 까무러치게 놀랍니다. 진짜 강아지들의 어미가 맞는지 의심이 들 정도로 어미는 새끼들을 과감하게 제압하며, 새끼들은 부동자세로 어미의 화가 가라앉기만을 기다립니다. 어미는 새끼들의 문제없는 삶을 위해 세상 어떤 존재보다 단호하고 주도성 있는 선생으로서 질서와 규칙을 가르칩니다.

당신이 방심하고 있는 사이 훈육의 '골든타임'이 지나가고 있다

훈육은 어린 강아지를 가르치는 어미의 '자연교수법'입니다. '강아지'라 함은 'Puppy'와 'Junior' 시기를 통칭하는 것으로, 이 기간 전체가 훈육 기간에 해당되지만, Puppy 시기 동안 전혀 훈육하지 않은 강아지라면 Junior 시기인 생후 5~10개월에 이미 가족에 대한 통제권과 외부 대상들에 대한 배타성이 높아져 있을 가능성이 다분하므로, 훈육은 만 4개월령 이전에 시도하는 것이 가장 효과적이며, Junior 시기의 말미인 만 8~10개월령까지 여운을 이어 가는 것이 권장됩니다.

강아지 시기는 인간의 훈육 준비를 무력화시킬 만큼 귀엽고 사랑스러움의 연속입니다. 안타깝게도 사람들이 강아지의 귀여움에 빠져 있는 얼마 안 되는 시간 동안 훈육이 방치되는 사태에 빠집니다. 강아지들은 대략 2~3개월령에 가정으로 입양되는데, 이때의 강아지는 매우 어리고 약해 보이지만, 어린이집 다니는 어린아이처럼 세상을 자신의 감각으로 익히고 있습니다.

입양한 강아지가 4~5개월이 되면, 이미 초등학교 고학년 또는 중학생 수준의 판단능력을 가지게 되며, 8~9개월령이면 고등학생 수준으로 훌쩍 자라게 됩니다. 갯과 동물은 인간과는 달리 매우 빠르게 어른이 되는 특성을 가지고 있습니다. 여러분의 반려견이 태어난 지 10개월이 되었다면, 대학생 또래가 된 것이고, 12개월이 되었다면 취업을 위해 면접을 보러 다니는 '취준생'의 연령에 다다르게 됩니다.

이렇게 강아지들은 양육자가 방심하고 있는 눈 깜짝할 사이에 강아지에서 성견으로 탈바꿈됩니다. 자연에서 살아가는 강아지들의 경우 어미 또는 어른개들과 살아가기 때문에 훈육은 성체가 될 때까지 꽤 오랜 기간

무엇이 개를 힘들게 하는가!

유지되지만, 반려가정에 입양된 강아지라면 사춘기 이전에 훈육시키고 이후부터 적절한 게임 형태의 예의를 가르치는 것만으로 충분할 수 있는 유리함이 있습니다.

강아지가 입양 첫날 가정에 도착했을 때부터 모든 가족들은 훈육 가능한 어른개처럼 준비돼 있어야 하지만, 여리고 가냘파 보이는 모습에 동요돼 훈육을 시작할 시점을 놓치게 되는 경우가 많습니다. 훈육이 시작되지 못하는 며칠 사이에 강아지는 가족에게 매달리고 손발을 깨물거리고 지속적인 장난을 걸어 오게 되는데, 강아지의 눈에 가족들은 훈육을 담당할 만한 존재로 인식되지 않는 것입니다.

입양 초기에 훈육하지 못한 사람은 만만한 존재로 인식되기 때문에 생후 5개월이 지난 강아지를 훈육한다는 건 매우 어려운 일입니다. 까칠하거나 고집 있는 강아지라면 머뭇거리지 말고 최대한 빨리 훈육을 시작해야 함을 명심하세요!

이렇게 보자면, 강아지를 입양한 사람이 강아지를 훈육할 최적의 시기는 입양부터 만 4개월령까지이므로, 2개월 된 강아지를 입양한 사람이라면 2개월의 기회가 주어지고, 3개월 된 강아지를 입양한 사람이라면 1개월의 기회밖에 주어지지 않습니다. 훈육의 기회가 짧다는 것은 매우 무서운 일입니다. 이 기회를 놓치게 되면 불현듯 나타나는 문제행동들로 인해 양육자 또는 반려가족의 힘으로 강아지를 훈육하는 일이 큰 난관에 부딪힐 수 있습니다.

강아지가 너무 귀엽고 예뻐 놀아 주고 만져 주고 싶어 몸이 근질거리는 걸 참지 못하게 되면, 불과 몇 개월 만에 짖음과 공격성의 구렁텅이로 빠져들 수 있음에도 놀아 주기 좋아하는 입양자들은 그런 걸 생각지도 않고 중요하게 여기지도 않는다는 점이 더 큰 일입니다.

　다 자란 개를 입양하는 경우는 어떨까요? 친구나 친척, 임보자나 보호소에서 태어난 지 5개월 넘은 개를 입양했다면 훈육은 불가능한 것일까요? 그렇지 않습니다. 이런 경우 어린 강아지를 훈육시키는 개념은 아닐지라도 새로운 무리에 속하기 위해서는 그 무리의 규칙을 따르도록 하는 것으로 훈육을 대신할 수 있습니다. 어린 강아지의 훈육법과 다 자라 입양된 개를 위한 규칙 적용은 다르지 않지만, 입양 즉시 시작해야 함을 잊지 말아야 합니다. 5개월 이상 된 개들의 경우 주도성이 매우 빠르게 발달하게 되므로, 그럴 틈을 주지 말고 양육자가 먼저 주도권을 확보해야 한다는 점을 명심하세요!

　어린 강아지의 훈육은 사춘기 이전 1~2개월 동안 집중 투자되는 매우 소중한 과정이자 기회입니다. 개들은 15~20년을 여러분과 살아가게 됩니다. 입양한 개가 여러분이 그려 왔던 착한 반려견으로 살아간다면 개의 수명은 하늘이 원망스러울 만큼 짧게 느껴지겠지만, 무늬만 반려견인 개가 20년 가까이 여러분과 자신을 힘들고 고통스럽게 한다면 너무나도 길고 가혹한 기간이 될 겁니다.

무엇이 개를 힘들게 하는가!

사춘기 이전에 훈육을 시작하지 않았다면, 여러분은 반려견의 짖음과 위협적인 행동을 경험하게 될 확률이 높습니다. 5개월이 지나면서 갑자기 으르렁거리고 덤벼드는 이유는 훈육하지 않았기 때문입니다. 그러니 훈육의 골든타임을 놓치지 마세요! '우리 강아지는 그럴 리 없어!'라는 생각은 애초부터 하지도 마세요! 혹시 훈육의 최적기인 만 4개월이 지나 버렸다면 경험 많고 여러분을 잘 이끌어 줄 트레이너를 찾아 훈육을 마무리하세요! 조금 더 시간이 걸리겠지만, 의지만 있다면 훈육은 그때에도 가능합니다.

모든 개는 훈육을 통해 여러분과 세상 사람들에게 행복을 주고받는 존재가 될 수 있습니다. 훈육되지 않은 개의 90% 정도는 반려가족과 이웃과 타인을 비롯해 다른 개와 동물을 힘들게 만듭니다. 여러분의 반려견이 훈육하지 않아도 착하게 살아가는 10%에 속하기를 기대하지 마세요! 그 기대가 어긋나면 여러분의 반려생활은 매우 고달파질 수 있습니다. 그러니 요행을 바라지 말고 훈육 받은 개에 속하도록 훈육에 진심을 다하세요! 훈육은 여러분이 반려견의 일생에서 해 줄 수 있는 가장 크고 중요한 선물입니다.

개를 사람 방식으로 가르치려 드는 건, 원숭이가 토끼를 가르치는 것과 같다

개를 가르치는 목적과 방식은 다양합니다. 나라를 막론하고 개를 가르칠 때 동원되는 수단은 먹을 것을 이용한 행동 유도, 물리적 제압을 통한 행위 억제, 운동요법과 자연활동을 통한 심리 이완이 주를 이룹니다. 선진국이든 후진국이든 상관없이 먹을 것으로 가르치는 사람이 존재하고 초크체인 등의 물리적 도구를 사용하는 사람이 존재합니다. 어떤 수단이 많이 활용되느냐는 순전히 그 나라의 현재 반려문화에 관계되는 것이지만, 어떠한 방식이든 완벽한 수단이 되지 못하기 때문에 패션의 유행이 과거와 현재를 오가듯, 교육방식도 순환과 병합이 반복됩니다.

개의 행동문제를 다루는 데 있어 가장 중요하게 여겨야 할 부분은 그 동물의 본성이 어떠하냐입니다. 만약, 개훈련사가 개를 가르치는 방식으로 악어를 가르치려 들었다가는 큰 낭패를 보게 될 것이고, 개를 사람처럼 가르치려 들어도 통하지 않을 것은 분명합니다. 이 두 경우 모두 상대의 본성을 이해하지 못한 문제입니다.

개는 사람이 아닙니다. 그러므로, 개를 가르치는 데 있어 사람을 대하는 듯한 태도나 방식은 개의 본성을 이해하지 못한 일방적인 요구가 되고 맙니다. 냉정하게 말해, 반려견들의 행동문제를 다룰 때에 개가 보이는 행동의 원인을 명확히 알지 못한다면 시도조차 하지 말아야 합니다.

간식이나 초크체인, 달리기, 후각활동 등이 실제 개와 개 사이에서 일어나는 심리 이완의 수단인지 아닌지는 매우 중요한 판단기준이 됩니다. 한 마리의 개가 쉬고 있는 다른 개를 향해 끝도 없이 짖고 있을 때 쉬고 있던 개가 짖는 개에게 하는 행위는 무시하거나 화를 내는 것입니다. 반려인을 향한 반려견의 요구성 짖음에 어떻게 대처해야 해야 하는지 쉽게 알 수 있습니다. 하지만, 반려인을 허약한 존재로 인식해 버린 상태라면 무시하거나 화를 내는 것은 잘 통하지 않습니다. '무시'와 '화내기'는 힘 있는 존재가 통제 가능한 상대에게 보여 주는 행동이지, 약한 존재가 강자를 상대로 할 수 있는 행동이 아니기 때문입니다.

가정에서의 요구성 짖음이 자연에서의 방식으로 통하지 않는 이유가 바로 반려견이 주도적 입장에 있기 때문입니다. 사람들은 개들을 자신보다 지능이 낮고, 판단력이 떨어지는 존재로 여기다 보니 처음부터 개와 개 사이에서처럼 완전히 무시하거나 화를 내지 않습니다. 반려인들은 반려견의 무례한 행동들을 멋모르고 하는 행동쯤으로 대수롭지 않게 여기지만, 반려견의 입장에서는 자신의 요구를 단호히 거절하지 못하는 약한 존재로 보이기 때문에 아무리 개들이 사용하는 방법을 흉내 내 봐도 소용없는 것입니다.

단순한 요구성 짖음 하나를 상대하기 위해 간식이나 초크체인, 트레드밀 운동과 후각활동(nose work), 구조물 극복 등 온갖 방법들이 동원되는 걸 생각하면 서글픔마저 들기도 하는데, 이런 방식들이 개들 간 사용되는 무시하기와 화내기 못지않은 영향을 줄 수 있다면 그 방식은 가치 있는 것임에 동의합니다.

하지만, 아무리 개들 간의 소통법에 가깝다 하더라도 개들이 상대의 행동을 멈추는 데 사용하는 딱 그만큼의 감정과 의사표현이 가장 효과적이고 적절한 방식이라는 생각에는 변함없습니다. 개들이 사용하는 방식과 멀어질수록 활용되는 수단은 가치가 떨어지는 엉뚱한 것이 될 것입니다.

어떤 개가 땅파기 놀이를 하다 먹을 걸 찾았다면, 개는 일상적인 먹이 획득이 불가능해질 때마다 땅을 파헤쳐 먹을 걸 찾으려 하게 됩니다. 이 행동이 반복되다 보면 땅을 파헤쳐 먹을 걸 찾는 행동이 일상화되는데, 이런 형태가 스스로의 학습에 의해 행동강화가 일어난 것입니다.

사람의 개입이 많을수록 행동강화법들은 개의 행동을 전환시키는 데

무엇이 개를 힘들게 하는가!

억지성을 띠게 됩니다. 어떤 사람들은 개의 행동을 지나치게 복잡하게 해석하려 들고, 어떤 사람들은 개의 행동을 지나치게 단순화시키면서 실수와 실패를 거듭하게 되는 겁니다.

 개들의 행동문제는 '자연에서의 문제'와 '인간 사회에서의 문제'가 많이 다릅니다. 자연에서 개들이 나타내는 문제란, 단순히 먹고사는 것과 관련된 구성원들 간 사소한 다툼이 전부이지만, 인간과 살아가는 개들에게는 '인간에 의한 자연적인 삶의 방해'에 의해 자연 상태에서는 겪을 수 없는 온갖 심리적 문제들까지 나타나게 됩니다.

 결국, 문제를 일으키는 근원은 '인간과의 무리 맺음'과 '감금 생활'이라는 부자연스러운 생활이고, 그로 인해 짖고 물고 싸우고 조급하고 불안하고 경직된 개들이 양산됩니다. 인간과 무리 맺은 상태로 갇히거나 묶여 지내는 감금 생활을 하게 되면서 개들은 '도주(도피)'라는 최선의 안전전략을 사용할 수 없게 된 탓에 생존을 위한 배타적 방어행동이 상상 이상으로 높아지게 되었습니다.

 감당할 수 없는 수준의 불안정은 자발적 강화와 이완을 더 이상 수용하지 못하게 방해하기 때문에 인간이 고안해 낸 방식들은 힘을 발휘할 수 없게 됩니다. 정서적 문제(정신적 문제)로 인해 불안정한 삶을 살아가는 개들의 수는 점점 더 늘어나고 있고, 그 불안정의 정도도 높아지고 있음을 생각한다면, 자연스러움으로 돌아가야 합니다. 자연에 가까운 삶을 제공하고 자연에 가까운 그들만의 방식으로 안정시키려 시도해야 합니다.

그 '안정'은 개들의 삶 속에 들어 있는 '질서의 유지'와 '생존방식'을 최대한 자연에 가깝게 회복시켜 주는 것입니다. 개로서 누려야 할 최소한의 것들, 스스로가 개라는 것을 인식할 수 있을 정도의 삶만 제공해 주어도 '안정'을 누릴 수 있다 여기기 때문입니다.

개들의 문제를 상대하고자 하는 사람이 개가 개를 가르치는 방식을 따르지 않고, 엉뚱한 방식으로 접근한다면 병의 근원은 찾지 못하고 눈에 보이는 상처만 치료하는 것과 같습니다. 먹이를 이용해 상대를 안정시키려는 시도가 개들 사이에 일어나는 것인가요? 귀찮게 매달리고 털을 물어 당기는 새끼를 가르치기 위해 어미가 먹을 것을 이용해 가만히 있도록 유도하려 할까요?

무엇이 개를 힘들게 하는가!

불안과 강박에 의해 가구나 문틀을 뜯고 있는 개에게 풍선을 터뜨리거나, 집을 지키기 위해 짖는 개에게 초크체인을 걸어 힘껏 당기는 것이 순수하게 개들의 행동과 상관있는 것인가요? 이런 인간이 고안해 낸 부자연스러운 강화법들은 개를 간식이나 얻어먹으려는 철없는 어린아이로 여기거나, 겁주고 위협하면 시키는 대로 따르는 어리숙한 동물로 여기는 '인간우월주의적' 생각들에 지나지 않습니다. '배려'가 다 자란 개마저 어린아이로 취급하는 것이고, '통제'가 개에게 고통만 가하는 것이라면, 그런 형태의 교육법들에는 동의하지 않습니다. 간식도 초크체인도 놀라게 하는 도구도 행동교육의 보조수단으로 머물러야지 핵심자극으로 사용하지 말아야 합니다.

거의 모든 반려인들이 '고등교육'을 받은 지각인들임에도 반려견의 분리불안을 고치는 데 어린아이를 상대하는 듯한 방식을 선호하고 있습니다. 분리불안을 나타내는 개들은 이미 사춘기를 지나고 있는 청소년 이상의 정신연령임에도 그 중요한 부분은 아랑곳없이 어린이집을 다니는 어린아이가 쓰레기 버리러 나간 엄마를 따라가고 싶어 울고 칭얼거린다 생각하는 것입니다. 그렇게 해서 반려견의 분리불안을 고쳐 낸 사람이 있다면, 복 받은 것입니다. 하지만, 단언컨대 어린아이를 대하는 방식만으로 고쳐 낸 게 아닙니다. 분리불안이 고쳐지는 여러 가지 원리 중 하나에 의해 소발에 쥐 밟히듯 우연히 고쳐진 것입니다.

그러니 '인간우월주의적' 판단에 빠져 머리를 짜내면 문제의 해법을 찾을 것이라는 착각을 멈추고 개의 문제를 인간의 문제와 혼돈하지 말아야 합니다. 그런 생각에서 만들어지는 말도 안 되는 방식을 반복하고 있는 사이, 분리불안과 짖음은 하루가 다르게 강화되어 결국 파양이나 유기에 이르게 되기도 합니다.

하나의 동물 종이 다른 종의 동물을 기를 때 그 동물을 제대로 성장시킬 수 없는 근본 이유는 자신의 방식만을 강요하기 때문입니다. 원숭이가 우연히 새끼 토끼를 데려와 자신의 새끼처럼 기를 때 토끼와 자신의 나름을 모른다면 절대 성체가 될 때까시 생존시킬 수 없습니다. 표범이 나타났을 때 토끼는 나무로 도망가지 않고 굴로 도망가야 하는 동물임에도 나무로 올라가라고 가르칠 것이기 때문입니다. 가짜 부모 원숭이는 결국 자식으로 길러 왔던 토끼를 자신에 의해 죽도록 만듭니다. 그러므로, 개를 가르치는 방식은 개들의 방식이어야 합니다.

'혼냈다가 달랬다가' 일관성 없는 훈육은 안 하느니만 못하다

어떤 반려인이 저에게 "저는 저희 집의 강아지 군기반장입니다!"라고 말한 적이 있습니다. '군기반장'은 집단의 질서를 유지할 목적으로 매우 강력한 구속력을 가진 사람을 의미합니다. 다른 가족들은 반려견을 만지고 놀아 주기 바쁘지만, 자신은 반려견이 버릇없이 행동하는 것들을 제어하고 적절한 통제를 가하고 있다는 설명도 해 주었습니다. 모든 반려가정에 '군기반장'이 있지는 않지만, 군기반장이 있는 집과 없는 집에서의 반려견의 행동 차이는 분명히 있습니다.

무엇이 개를 힘들게 하는가!

저는 오랫동안 개와 관련된 일들을 해 오면서 제대로 된 훈육담당자가 있는 가정을 본 적이 없습니다. 훈육은 오늘은 하고 내일은 하지 않는 게 아닙니다. 방금 혼냈다가 1시간도 지나지 않아 달래거나 간식을 주며 다독거리는 것도 아닙니다.

반려가정에서의 훈육은 모든 가족이 참여해야 하지만, 거의 대부분의 반려가정에서는 '동참'보다는 개인플레이를 하면서 반려견의 주도행동을 부추기는 경향이 있습니다. '나 혼자 훈육'은 큰 효과를 발휘하지 못하므로, 훈육이 시작되면 전체 가족들은 어떤 식으로든 동참해야 합니다. '훈육'은 어미에서 시작해 무리 전체의 성체들로 확대되어야 하는데, 가정에서 강아지 훈육에 참여하지 않는 사람은 성체로 인식되지 못함과 동시에 훈육을 거부하게 만드는 조력자의 역할을 하기 때문입니다.

가정에서 군기반장으로 불리는 사람들은 두 가지 타입이 있습니다. 하나는 강아지를 좋아하지 않다 보니 입양 초기부터 강아지에게 자기 곁을 내어 주지 않는 사람입니다. 이유 없이 싫은 티를 내는 사람에게 강아지는 눈치를 보고 조심하게 됩니다. 다른 하나는 친하게 잘 지내는 사람이면서 이따금 마음에 안 드는 행동을 할 때만 반려견을 움켜잡고 눈싸움을 하거나, 밀치고 야단치는 사람입니다.

기본적으로 개를 좋아하지 않는 사람의 행동은 강아지에게는 상당히 자신감 있고 주도성 높은 존재로 인식됩니다. 그럼에도 불구하고 문제행동을 막아 내지 못하는 이유는 그 사람은 개가 싫은 것일 뿐, 개의 훈육에는 관심이 없기 때문입니다. 개를 훈육할 만큼의 주도성이 확보된 사람이 있을지라도 실제 훈육을 담당하지 않는다면 반려견의 행동은 그 사람이 있을 때와 없을 때를 구분해 다르게 나타나게 됩니다.

그렇다면, 평상시에는 놀아 주고 다정하게 대하면서 버릇없는 행동을 할 때에만 혼내고 야단치는 타입의 군기반장은 왜 제대로 된 훈육을 이끌어 내지 못할까요? 이런 사람들은 개의 훈육과 교육에 관심이 많기 때문에 각종 정보를 탐독하고 다른 가족들까지 독려하는 사명감 높은 반려인이지만, 그 사람에게는 '일관성'이 없다는 결정적 허점이 있습니다.

'일관성'은 동물이 새끼를 가르치는 핵심입니다. 강아지를 가르치는 어미개의 훈육에서 가장 중요한 원칙이 바로 '동일한 상황에서 동일한 일이 벌어질 때마다 동일하게 제어하는 것!'입니다. 강아지가 잠자고 있는 어미의 귀를 물어 당길 때 그것을 하지 못하도록 으르렁거리고 그걸로도 멈추지 않을 때 새끼의 머리통을 물어 버린 어미라면, 내일도 모레도 똑같은 행동을 하게 됩니다. 어미가 배변 등의 이유로 잠깐 나갔다 돌아올 때 얼굴에 매달리고 볼을 깨무는 강아지의 행동을 '으르렁'과 '물기'로 제어해 왔다면, 그 행동을 멈추는 날까지 매일 반복합니다.

어미의 훈육에서는 가르칠 때의 일관성만큼이나 일관적인 행동 하나가 더 있습니다. '달래 주지 않는 것!'입니다. 개들의 삶 전체에서 '달래 주기'란 존재하지 않습니다. 어미가 원하는 행동을 멈추도록 가르치고자 하는 목적 외에 다른 감정들을 개입시키지 않기 때문입니다. 이 점은 어미가 새끼를 훈육할 때나, 성체들이 상대에게 우위성을 드러낼 때나 동일합니다. '내가 원하는 것을 받아들이면 그것으로 끝!'이라는 식의 제어법만 가지고 있다는 것인데, 이 말은 인간과는 달리 감정의 기복이 거의 없고, 상대에 대한 감정을 쌓아 놓지 않음을 의미하기도 합니다.

어미는 새끼들과 놀아 주거나 새끼를 예뻐하지 않습니다. 이 점이 인간이 어미처럼 훈육해 내기 어려운 이유입니다. 하지만, 반려견의 일생을 걱정하는 사람이라면 반드시 책임지고 버텨 내야 할 과정이기도 합니다. 훈육은 개의 일생에 비추어 매우 짧은 기간 동안의 예절교육일 뿐 개의 삶을 속박하는 것이 아닙니다.

어미가 그토록 가르치고 싶어 하는 것은 '새끼들이 자신의 안전을 지키고, 무리의 존속에 방해되지 않는 구성원이 되도록 만드는 것!'입니다. 그런 존재들이 되도록 하기 위해 자신의 배에서 나온 어린 새끼들의 머리통을 그토록 냉정하고 과감하게 물어 버리는 것입니다. 자신의 어미에게서 배운 그대로 새끼들을 가르치려는 것이고, 조상에게서 물려받은 DNA 그대로 자기들만의 교육을 시작하는 것입니다.

20년 가까운 시간을 함께해야 할 반려인이라면, 입양한 강아지를 위해서 훈육해야 하고, 인간에게 새끼를 빼앗긴 어미에게 사죄하는 마음으로라도 훈육해야 합니다. 어미는 결코 인간들이 자신의 새끼를 망쳐 가는 걸 원하지 않을 겁니다. 누군가가 당신의 어린 자녀를 빼앗아 가 타인을 괴롭히고 자신을 괴롭히며 살아가는 괴물로 만들어 놓았다면, 당신은 괜찮겠습니까?

훈육은 강아지유치원도 훈련사도 아닌, 당신이 직접 해야 한다

"한 번만 교육 받으면 문제가 해결되나요?" 이 질문은 어린 강아지와 성견의 구분 없이 저와 상담하는 반려인들에게 자주 듣게 되는 말입니다.

하루 종일 뒤꿈치를 물고 따라다니는 행동도, 수년 동안 짖어 온 짖음도, 이웃집으로부터 민원, 항의를 받은 오래된 분리불안도, 가족이 몸에 손도 대지 못하게 하는 공격성도 한 번의 교육으로 고칠 수 있을까 물어 오는 분들이 적지 않습니다.

　여기에서 한 번의 교육은 '짧은 기간'이라는 의미와 '단번에'라는 의미를 가지고 있는 듯합니다. 하지만, 이런 기대를 가지고 있는 가정이라면 반려견의 문제행동을 완화하는 건 좀 더 오래 걸릴 수 있습니다. 문제행동이 어떤 매커니즘으로 만들어지는지에 대해 이해하고 가족들 스스로의 확고한 의지를 다잡고 교육 실행의 단계를 정하는 과정, 말하자면 'warm up'이 있은 후 실천이 있어야 하는데, 그런 과정이 생략될 가능성이 높기 때문입니다.

　문제행동의 개념을 이해하지 못한 상태에서의 행동교육은 큰 효과를 거두기 어렵습니다. 행동교육은 '나'의 행동에 대한 객관적 분석을 통해 문제의 원인을 이해하고 그것을 바탕으로 '나'의 행동을 바꾸어 가는 것임에도 훈련사가 한순간에 악마 같은 반려견을 '천사'로 바꿔 줄 거라 기대하는 건 큰 착오입니다.

　그런 마술 같은 일은 일어나지 않습니다. 여러분을 기대에 부풀게 하는 미디어들에서의 솔루션은 현실과 다릅니다. 그렇게 해서 개들의 행동이 하루아침에 바뀔 수 있다면, 세상에 문제견은 하나도 없을 겁니다. 저는 오랜 시간 동안 '워킹독', '스포츠독', '탐지견', '추적견', '연기견', '쇼독', '행동문제견'들을 가르쳐 오면서 과한 칭찬이나 보상을 제공하지 않는 분야가 있는데, 바로 '행동문제견'을 가르치는 과정입니다. 반려견 교육 분야 중 유일하게 나와의 관계가 아닌, 가족이라는 관계에서 완성된 것이 '행동문제'이기 때문입니다.

저에게는 반려가족이 만들어 놓은 짖음과 분리불안, 공격성, 강박증 등의 문제를 해결해 낼 능력이 없습니다. 다른 분야의 훈련과목들이라면 나의 에너지를 통해 개들의 에너지를 끌어내 행동을 강화시켜 낼 수 있지만, 행동문제를 가진 개들의 경우 나로 인해 짖음과 분리불안과 공격성과 강박증이 강화된 것이 아니라, 그 행동의 배후세력이 따로 존재하기 때문에 저는 남의 집 반려견의 행동문제를 개인적인 기술로 고쳐 주지 못합니다. 사나운 개를 굴종시킬 수도 있고, 심하게 짖는 개를 그치게 할 수는 있어도 그것은 나와 있을 때만으로 국한되는 현상입니다. 다시 가정으로 돌아가 본래의 세력권 안에 들어가면 그 배후세력에 의해 회귀되기 때문에 저와 있을 때의 행동은 고쳐진 것이 아닌, 가정으로 돌아갈 때까지의 전략적 행위일 뿐입니다.

저는 개를 가르치는 일을 본업으로 하고 있음에도 행동문제를 가진 개들만은 가정 외의 환경에서 수탁교육을 하지 않는 이유가 반려견의 문제행동은 가족 외의 타인이 바꿔 낼 수 없기 때문입니다. 이런 사실을 모르는 반려인들은 애견훈련소나 교육센터에 의탁해 문제행동을 고치려 시도하지만, 행동문제의 매커니즘을 이해하지 못한 상태로 진행된 위탁교육은 효과는 거두지 못한 채 큰 비용과 시간만 낭비하고, 기대했던 행복한

무엇이 개를 힘들게 하는가!

반려생활로의 복귀가 아닌, 해결 불가능이라는 암담함을 겪게 되기도 합니다.

어떤 사람들은 다른 개를 무서워하거나 짖고 공격적인 행동을 고치기위해 애견유치원에 등원시키기도 하는데, 다른 개들과 어울려 놀다 보면사회성이 높아져 다른 개들을 겁내지도 않고 짖거나 공격하지 않을 거라기대하기 때문입니다. 하지만, 개들의 행동이 유치원에서 다소 달라진 것처럼 보이는 것은 무리에서 홀로 떨어진 채 다른 무리를 상대해야 하는상황에서의 행동축소일 뿐입니다.

애견유치원에 맡기는 것만으로는 배타성이 높아져 있는 개들의 사회성을 좋은 쪽으로 되돌려 내기 어렵습니다. 가족이 없는 상태에서 행해지는어울리기나 교육, 규칙의 적용은 귀가 후에는 의미 없는 것이 되기 때문입니다. 그러므로 유치원 등원을 통해 개선시키고자 하는 목표와 의지가있다면, 양육자가 그 공간 안에 함께 머무르면서 가르칠 건 가르치고 제어할 건 제어해야 합니다.

반려견들의 문제행동을 고쳐 내는 Key는 바로 양육자 여러분에게 있습니다. 어떤 사람도 여러분 반려견을 데려가 문제행동 없는 개로 바꿔 오지 못합니다. 어떤 사람도 여러분 가정을 방문해 자신의 손으로 짖음이심하거나 난폭한 반려견을 온순하게 바꿔 내지 못합니다. 그러므로, 반려견의 행동을 완화시켜 내기 위해서는 경험 많고 이론적으로도 잘 구축되어 있는 훈련사의 생각과 경험과 방식을 흡수하여 양육자 스스로 해결해 나가야 합니다.

 일부의 반려인들은 개의 문제행동이 너무도 심각해 가족들은 아무것도 시도할 수 없으므로, 반려견 교육을 의탁하고 싶어 하지만, 그렇게 걱정하거나 조급해할 필요는 없습니다. 어차피 훈련사는 남의 개를 바꿔 내지 못할 것이고, 집으로 돌아왔을 때 달라진 것도 없을 것이기 때문입니다. 교육은 직접 감당할 수밖에 없는 여러분의 몫입니다.

 여러분이 수많은 정보들 중에서 진짜 도움이 될 정보만을 정제해 활용할 수 있다면, 누구의 도움 없이도 반려견의 행동을 바꿔 나갈 수 있습니다. 감상적인 정보와 인간 관점에서의 해석만 경계한다면 좋은 정보는 생각보다 많습니다.

무엇이 개를 힘들게 하는가!

가르치지 않으면 어미도 당신도 강아지에게 무시받는다

여러분들은 어미개가 새끼 강아지들을 가르치는 모습을 본 적 있으신 가요? 아마 도심에서 살아가는 사람이라면 어미가 새끼를 훈육하는 모습을 볼 기회가 없었을 텐데요, 새끼 강아지들의 훈육은 송곳니가 뾰족해질 때부터 시작되는 것이 일반적인데, 송곳니가 뾰족해지게 되면 어미젖을 빨면서 통증을 유발하게 되기 때문입니다. 어미는 본성에 의해 통증을 일으킨 새끼에게 화를 내게 되는데, 처음에는 으르렁거리거나 살짝 짖는 행동을 보이다 점차 반복될수록 그 자리에서 일어나 새끼들을 떨어뜨린 후 다른 곳으로 옮겨 눕는 행동을 하게 됩니다. 단순히 귀찮아 일어나는 것이 아니라, 으르렁거림에 뒤이어 일어선다는 것을 가르치려는 것입니다.

성체들 간 제어에서는 상대의 몸을 밀쳐 냄으로써 경고하지만, 어리고 조그마한 새끼를 상대하는 어미는 밀어내기를 할 수 없기 때문에 갑자기 일어서는 행동으로 새끼들이 바닥에 나뒹굴도록 만들어 놀라게 하는 방법을 사용합니다. 이 '떨어뜨리기'는 새끼들이 조금 더 자라게 되면 어느 순간 세 번째 제어인 '물기'로 전환됩니다.

관찰한 바에 의하면 어미개는 4가지 상황에서 새끼를 통제하는데, 첫 번째는 어미 몸을 깨물거려 통증을 유발했을 때이고, 두 번째는 어미의 음식을 먹으려 접근했을 때이고, 세 번째는 쉬고 있는 어미를 자극해 깨울 때이고, 네 번째는 어미에게 매달리며 귀찮게 할 때입니다. 이 네 가지 상황에서 어미는 으르렁이라는 제어신호를 보내고 그것으로 해결되지 않으면 냅다 일어서 떨어뜨리고 그래도 안 되면 새끼들의 머리를 물어 버립니다. 여러분이 시골 친척집이나 한적한 곳을 여행할 때 동네 어느 집에서 어린 강아지들의 비명이 들렸다면, 어미가 새끼를 훈육하고 있는 소리입니다.

어떤 사람들은 어미의 새끼를 상대로 하는 '물기'가 불필요한 것 또는 어미가 짜증 내는 행동이라 생각하기도 하겠지만, 이 '물기'를 통한 훈육은 아주 중요한 의미를 가지고 있습니다. 어미는 새끼들이 성체를 대할 때의 주의점을 미리 가르침으로써 성체들과 어울릴 때에 안전하게 하려는 것이고, 또 하나의 이유는 어미를 모방하게 만들기 위함입니다.

사람이나 개나 누군가를 따르고 그의 행동을 모방하기 위해서는 그 대상이 강하고 굳건해야 합니다. 약하고 자신 없는 존재를 따르고 배우려는 사람이 없듯 개들도 다르지 않습니다. 어미가 새끼들을 훈육하는 것은 사실 의도보다는 본성에 따르는 것이지만, 어미가 강하게 훈육하지 않는다면 새끼들은 어미의 행동을 학습의 표본으로 삼지 않을 겁니다.

어미가 새끼들을 데리고 은신처를 옮기려 길을 가다 '개울'이라는 복병을 만났을 때 매우 단호한 어미라면 과감하게 개울을 건널 것이고, 그 어미에게 훈육받는 새끼들은 두려움을 이기고 어미를 따라 개울에 뛰어들 것입니다. 하지만, 새끼들을 제대로 훈육하지 않은 유약한 어미개를 따라나선 새끼들은 그 개울을 건너기보다 원래의 은신처로 되돌아가려 할 것입니다. '개울'이라는 작은 두려움도 이겨 내도록 가르칠 리더십이 없었기

무엇이 개를 힘들게 하는가!

때문입니다.

'모방'은 단호함에서 우러나는 힘입니다. 힘 있는 어미와 함께 낯선 곳을 걷는 새끼들은 어미를 믿고 의지하므로 스스로의 판단에 빠지지 않습니다. 어미가 건널 수 있으면 따라 건너고, 어미가 놀라거나 도망가면 조심해야 할 것으로 기억하고, 어미가 아무렇지 않으면 별것 아니라고 배웁니다. 여러분이 단호하고 굳건한 어미처럼 행동해 왔다면 반려견은 산책길에서 여러분을 앞서 급하게 끌어당기거나 이유 없이 멈추거나 불안해하지 않을 겁니다. 여러분이 유약한 어미처럼 아무것도 훈육하지 못했다면, 시도 때도 없이 멈추거나 겁에 질려 앞만 보고 쫓기듯 걷거나, 정신이 혼란한 상태로 걷고 있을 겁니다.

만약, 반려견과 산책하다 줄을 놓쳤을 때 집 쪽으로 도망가거나, 아무 곳으로나 뛰어간다면 어미를 따라 '개울'을 건너지 못하는 강아지들에 해당됩니다. 여러분은 단호하게 가르친 어미가 아니라, 가르치지 못한 어미이며, 반려견을 더 큰 위험으로 몰아넣는 나쁜 어미입니다.

저는 3개월령의 어린 강아지가 가족을 공격하는 경우를 여러 번 본 적 있는데, 단순히 깨물거리는 장난 식의 물기가 아닌, 상대의 행동을 통제하기 위한 강력한 타격으로서의 물기를 사용하고 있었습니다. 그런데 이런 행동은 개를 입양한 사람에게만 일어나는 일은 아니고, 새끼를 기르는 어미도 겪을 수 있는 일입니다. 자연에서 살아가는 어미와 새끼가 아닌, 사람의 가정에서 살아가는 어미와 새끼의 사이에서 어미를 공격하는 꼬마 강아지들이 존재합니다. 본성이 퇴화해 새끼를 어떻게 훈육해야 하는지 모르는 어미개가 그런 일을 당하고, 어미는 훈육하려는데 양육자가 지속적으로 방해할 때도 그런 일이 일어납니다.

　어떤 이유로든 새끼를 훈육하지 않은 어미는 새끼로부터 존중받지 못합니다. 개들에게 있어 부모와 자식이라는 관계는 사람의 그것과 많이 다릅니다. 먹이 앞에 침범하는 새끼를 호되게 훈육하지 않은 어미는 새끼가 채 한 살이 되기 전에 음식을 사이에 두고 새끼에게 공격당할 가능성이 높습니다. 만약, 개를 기르는 양육자가 먹이 앞에서 훈육하지 않았다면, 어미가 새끼에게 공격당하듯 똑같은 일을 겪게 됩니다.

　　　　　　　　　　　　무엇이 개를 힘들게 하는가!

단호한 어미와 살아가는 새끼들은 먼저 경계하며 짖거나 도망가는 일이 없지만, 유약한 어미와 함께 있는 새끼들은 자신의 판단에 의존해 경계하고 짖고 도망치려 할 겁니다. 위험을 먼저 인지하고 대처할 권한이 유약한 어미에게는 주어지지 않기 때문에 새끼들은 자신들의 판단에 따라 오합지졸처럼 흩어지게 됩니다.

여러분의 반려견이 굉음이나 갑작스러운 상황에 놀라 혼자 살겠다고 뒤도 안 보고 도망간다면 여러분이 어떤 존재로 인식되어 있는지 알 수 있을 겁니다. 반려견이 간식을 먹고 있을 때 다가갔다가 물릴 뻔했다면, 훈육하지 못한 약자에 대한 반려견의 꾸지람을 들은 것입니다. 잘 걷다가 갑자기 멈춰 서고는 아무리 사정해도 걷지 않으려 한다면, 모방하고 의지할 만한 대상이 아니므로 따르지 않겠음을 표현하는 것입니다.

반려생활을 하다 보면 여러 상황에서 개가 양육자를 따르지 않거나 만만하게 본다는 생각이 들게 되는데, 이런 일들은 어미가 새끼를 훈육하는 네 가지 상황들에서 여러분이 어미와는 다른 대응을 한 탓입니다. 반려견을 훈육하지 않은 것은 곧 개들의 방식으로 가르치지 않은 것이고 그 대가는 집과 바깥환경에서 문제행동이란 모습으로 나타나게 됩니다.

훈육은 하고 싶을 때만 하고, 하고 싶은 만큼만 하면 되는 게 아니라, 반려견을 집에 입양한 그 시점부터 꼭 해야 하는 필수과정임을 인식하고 최소한 어미가 가르치려는 네 가지 상황들에서만이라도 어미의 행동을 모방해 단호히 막아내야 합니다.

훈육하지 않은 어미가 새끼들에게 무시받듯, 훈육하지 않은 양육자도 반려견에게 무시받게 됩니다. 맹목적으로 허용하는 것은 사랑이 아닌, 자기만족에 빠진 것입니다. 잘못된 행동은 나무라고 안정되고 차분함에 긍정적으로 반응해 주는 것이 진짜 사랑하는 사람들의 행동입니다.

무엇이 개를 힘들게 하는가!

Chapter 6.
개들이 보내는 고통의 신호들

개는 왜 온갖 질병에 시달리는가

　개들은 짧은 생애에 비해 항병력이 약하고 많은 질병에 시달리는 동물입니다. '잡종 강세'라는 말을 들어본 적 있을 텐데요, 근친에 의해 만들어진 순종 개들에 비해 다양한 유전자를 받아들인 개들이나 동물이 건강한 체질을 가질 확률이 높음을 의미합니다. 처음부터 인간에 의해 개량된 견종이든, 자연집단화에 의해 고정되었든, 인간에 의해 외형이나 기질적 통일화를 위한 근친 과정을 겪게 되는데, 이런 근친 번식의 결과 종마다의 유전적 특질이 만들어지게 됩니다. 이런 특질은 내구력이나 속도, 기온이나 물에 대한 적응력의 차이를 비롯해 유전질환까지 포함됩니다.

어떤 견종에서는 안구질환이 잘 나타나고, 어떤 견종에서는 고관절이나 슬관절 탈구가 흔하기도 하며, 어떤 견종에서는 신경증이나 장 기능의 문제기 빈번하게 나타나기도 합니다. 이런 문제들은 근친 번식에 의한 부작용들로 눈에 보이는 것만 좇아온 인간 이기심의 산물입니다.

자연에서 살아가는 개들도 근친 관계의 무리를 이루고 살아가지만, 이들에게 근친에 의한 유전적 문제가 흔치 않은 것은 '자연도태'에 의해 지속적인 정화가 이루어지기 때문입니다. 반면, 인간이 기르는 순종 개들의 경우 치료에 의해 자연도태가 방해되는가 하면, 문제형질을 가지고 있음을 알면서도 번식에 지속적으로 참여시킴으로써 문제되는 유전형질을 제거해 내지 못합니다. 근래 유전학의 발전으로 문제가 될 유전형질을 미리 확인할 수 있게 된 것은 개들을 질병으로부터 보호하는 데 고무적 역할을 하고 있습니다.

아무리 치료해도 낫지 않는 피부질환을 겪는 반려견들이 있습니다. 음식을 바꾸고, 치료법을 바꿔도 어느 순간 다시 재발하는 피부질환은 근친 번식의 폐해만은 아닌, 과도한 스트레스의 영향 때문입니다. 유전적 원인이라면 병원에서 원인을 찾을 수 있겠지만, 스트레스가 원인이라면 쉽게 찾아내지 못하고 구멍 난 양동이를 땜질하듯 일시적 증상 치료에만 급급

무엇이 개를 힘들게 하는가!

할 수밖에 없을 겁니다.

많이 짖는 개는 질병에 취약합니다. 짖음은 그 어떤 행위보다 개들을 긴장시키고 불안하게 만듭니다. 바깥의 사소한 소리에도 불안정하게 짖어대는 반려견이라면 그 스트레스는 엄청날 것이며, 온 신경이 예민해져 있을 것입니다. 이런 과민한 짖음은 자연 상태에서는 일어나지 않는 반복적인 스트레스 유발행동입니다.

자연 상태라면 개들의 영역에 경쟁동물이 매일 수차례 침범하는 일도 없으며, 침범을 막아낼 수 없다면 그곳을 버리고 피하면 될 일이지만, 인간의 집에 갇혀 살아가는 반려견들은 매일 시도 때도 없는 방어활동을 해야 하는 고립된 상태로 살아갑니다.

개들은 짖고 싶은 동물이 아니라, 짖을 수 있는 동물입니다! 이 말은 사람들의 생각처럼 개들이 무턱대고 짖는 동물은 아니라는 뜻입니다. 많이 짖는 개와 조금 짖는 개의 차이는 짖음의 크기나 횟수가 전부가 아닌, '경직'과 '이완'의 상대적 비율에 따른 현격한 신체리듬의 차이를 가집니다.

많이 짖는 개는 짖는 상황을 비롯해 일상에서 자주 경직되어 있지만, 잘 짖지 않는 개는 이완된 상태를 더 많이 보입니다. '경직'은 방어와 주도를 위한 스트레스 상태에 있음이고, '이완'은 방어와 주도에 신경 쓰지 않는 평온한 상태에 있음을 의미합니다. 분리불안으로 온종일 짖어 대거나 문을 긁는 개들은 경직된 상태에 있지만, 혼자 남은 집에서 누워 잠자는 개들은 이완된 상태에 있는 것입니다. 과도한 짖음과 분리불안은 자연 상태에서는 겪지 않는 반려견들만의 문제이며, 이런 강박적인 행동은 신체적, 정신적 과부하를 겪게 만듭니다.

산책만 나가면 벌벌 떨고 걷지 못하거나, 불안해한다면 무엇을 의미하는가요? 몹시 불안하고 경직되어 있음이 느껴지지 않던가요? 다른 개나 사람을 상대로 짖고 있는 모습이 즐겁고 편안해 보이던가요? 생각을 바꾸지 않으면 개들을 질병으로부터 보호할 수 없습니다. 이런 눈에 보이는 행동들이 반복된다면 유전적 문제로 인해 병원을 방문하는 일보다 훨씬 더 자주 병원을 드나들어야 할 겁니다.

잦은 짖음과 분리불안, 반복되는 공격행동으로 인한 과도한 스트레스가 뇌신경 세포에 손상을 끼치지 않을 리 없습니다. 스트레스는 뇌의 스트레스 호르몬을 자극하고 그에 따른 일련의 반응들에 의해 인지 기능의 장애를 유발한다는 것은 의학적으로 밝혀져 있습니다.

이 말은 반려견들이 일으키는 중증의 행동문제들은 못된 행동으로만 치부할 수 없음을 의미하고 심각한 행동문제를 겪는 반려견들이 늘어남에 따라 치매와 같은 뇌질환은 점점 더 늘어날 것이라 예측할 수 있습니다. 이처럼 반려견들의 문제행동을 고쳐 줘야 하는 일은 단순히 불편함을 덜어 내는 차원이 아닌, 개를 입양한 사람들의 숙명입니다.

여러분이 눈치채지 못하는 사이 개들이 병들어 가고 있습니다. 자연에

무엇이 개를 힘들게 하는가!

서 겪지 못할 신체적, 정신적 과부하는 '노화', '피부질환', '강박증', '신체 훼손', '기관지 손상', '심장병', '뇌질환', '고지혈증', '호르몬 불균형' 등 매우 다양한 질병을 촉발하게 됨을 잊지 마세요! 이 모든 문제는 개를 이해하지 못한 채 마구잡이로 부르고, 만지고, 놀아 주고, 쉬지 못하게 만든 사람들의 문제행동이 낳은 결과물들입니다. 여러분의 반려견이 짖고 공격적이라고 모든 반려견들이 다 짖고 공격적으로 살아가는 건 아닙니다!

개는 왜 사람과 다른 개를 공격하는가

야생의 개들은 조심성이 매우 많습니다. 반려견이 가족과 함께 있을 때 다른 사람을 위협적으로 대하는 모습만 보고 야생의 개들도 그런 행동을 할 것이라고 생각하는 사람이 있겠지만, 그런 모습은 아주 어렸을 때부터 인간과 살아온 개들에게서만 나타납니다. '야생성'이란, 말 그대로 '개'라는 순수종으로서 자연을 터전으로 스스로 의식주를 해결해 나가는 행동양식을 의미합니다. 자연에서의 가장 확실한 안전전략은 '도주'이며, 인간을 상대하는 야생개들의 안전전략도 '도주'가 선택됩니다.

인간은 도구를 이용해 사냥을 하게 되면서 야생 개들에게 매우 위협적인 존재가 되었을 것이며, 그 사냥도구가 창과 칼, 총으로 발달하면서 맞닥뜨리지 말아야 할 위험한 존재가 되었습니다. 늑대와 같은 야생갯과 동물들은 아주 오랜 세월 동안 인간과 동일한 섭식환경에서 살아가면서 먹이경쟁을 해 온 탓으로 인간에게 살육의 대상이 되었습니다.

멸종 직전까지 몰릴 정도로 야생의 갯과 동물들은 인간에게 사냥당해 왔고, 그 과정에서 인간에 대응하는 '대물림 학습'이 일어났는데, '바로 인간의 냄새나 기척만 있어도 도주하라!'는 것입니다. 함께 있던 동료나 부모가 인간에게 무자비하게 살육당하는 광경을 지켜본 개체는 이후 인간을 두려워하게 되고 인간의 눈에 띄지 않으려 노력하게 됩니다. 이 개체와 함께 생활하는 동료들, 특히 새끼들은 어미가 인간의 출몰에 반응하는 도주행동을 그대로 학습하게 되어 인간에게 쫓기거나 살육당하는 광경을 지켜본 적 없더라도 동일한 반응을 일으키게 됩니다. 이런 행동은 어른 또는 어미로부터 대물림되는 매우 중요한 모방학습입니다.

야생의 개들은 최근까지 인간에게 사냥당해 왔고, 일부 지역에서는 여

무엇이 개를 힘들게 하는가!

전히 사냥당하며 살아가고 있다 보니 인간에 대한 대물림 학습은 여전히 이어져 나가고 있습니다. 그러므로, 늑대나 딩고가 인간을 사냥하기 위해 공격하거나 경쟁동물로 잘못 인식하여 공격할 가능성은 매우 희박합니다.

하지만, 인간과 살아가고 있거나, 인간과 살아 본 적 있는 개들은 야생의 개들과는 전혀 다른 형태의 '대물림 학습'을 이어나갑니다. 바로, '인간은 경쟁 가능한 존재'라는 것입니다. **'Chapter 2. 개의 생각은 당신의 생각과 다르다'**에서 인간을 대하는 개들의 방식과 인간을 어떻게 인식해 가는지에 관해 설명한 바 있습니다. 태어나면서부터 인간을 접해 온 개들은 인간을 개의 방식으로 대하고 인간의 행동을 개의 행동으로 해석한다는 점은 인간을 대하는 반려견들과 야생개들의 극명한 차이이자 인간을 위협할 수 있는 동기가 됩니다.

인간을 동종 대하듯 살아가는 상태라면 인간은 다분히 상대 가능한 존재일 뿐입니다. 그 관계가 인간 주도적이라면 개는 인간을 조심해야 할 존재로 인식하겠지만, 반려견이 주도적인 상태가 되면 인간은 조심해야 할 존재가 아닌, '통제 가능한 존재'로 인식되어 버립니다. 수많은 반려인이 반려견으로부터 '으르렁'이나 입술 실룩거림으로 경고를 받고 공격당하는 일까지 겪게 되는데, 이런 행동들이 바로 개의 입장에서 '통제 가능한 존재'로 여기고 있기 때문에 일어나는 일들입니다.

개를 기르는 가정이 늘어나고 개들을 훈육하지 않는 가정이 많아질수록 인간을 통제하는 개의 숫자는 늘어나게 됩니다. 인간을 통제 가능한 존재로 인식해 버린 반려견이라면 혼자 집 근처를 배회하거나, 떠돌이 무리를 이룬 상태에서 인간과 다른 개를 공격할 수 있는 위험성이 높아집니다. 지금도 지구촌 어느 곳에서는 떠돌이 '들개 무리'에게 공격받는 일이 벌어지고 있을 것인데, 이 들개 무리의 구성원들 전체 또는 일부는 인간의 가정에서 살아오면서 인간을 '조심해야 할 존재'가 아닌, '통제 가능한 존재'로 학습했기 때문에 인간이 자신들의 세력권에 들어오면 위협적으로 쫓아내거나 공격을 가하게 됩니다.

여러분은 반려견으로부터 통제받고 있지는 않습니까? 또는, 통제 가능한 상대로 치부되고 있지는 않습니까? 그렇다면 여러분의 반려견은 여러분을 포함해 불특정 다수를 통제대상으로 삼고 공격하게 될 가능성이 큽니다. 여러분만 물리고 조심하면 되는 상태가 아니라, '인사 사고'를 일으킬 위험한 지경에 다다라 있습니다. 양육자를 통제하고 공격하는 개는 이미 모든 인간을 통제하고 공격할 수 있는 개가 된 것입니다. 슬프게도 인간과 동고동락하면서도 경쟁자로 여기며 살아가는 골치 아픈 삶의 사슬에 옭아매어진 것입니다.

통제자가 된 개는 낮이나 밤이나 사소한 소리 하나하나에도 방어기재를 작동해야 하고 가족들의 방에서 나는 기척들도 일일이 확인해 봐야 합니다. 가족을 지키기 위해서가 아니라 최상위로서 세력권을 방어하고 무리 구성원들을 관리하고 확인해야 할 책임을 지고 있기 때문입니다. 집을 잘 지킨다고 자랑하거나 고마워하지 마세요! 반려견이 혼자 감당하기 어려운 수준의 경계활동으로 정신이 불안정해져 가고 있습니다.

무엇이 개를 힘들게 하는가!

산책길에서나 품에 안겨 있을 때 말 걸며 다가오는 사람이나 다른 개를 위협하는 모습에 '주인을 보호하기 위해'라고 고마워하지 마세요! 당신과 함께 있으면 사소한 하나라도 그냥 지나칠 수 없는 매우 예민한 상태가 된다는 뜻입니다.

여러 상황에서 가족의 행동을 통제하려는 반려견은 가족조차 경쟁자로 여기며 살아가고 있고, 집 지키기에 열중하고 있는 반려견은 집에 누군가 접근하는 상황이 매우 두렵다는 뜻이며, 외부 공간에서 위협적으로 행동하는 반려견이라면 집 밖의 모든 환경들이 적으로 둘러싸인 위험한 곳이라 여기며 살아가고 있음을 뜻합니다.

인간 세상에서 살아가더라도 사람과 살아본 적 없는 개는 다른 개나 사람을 공격하지 않습니다. 사람의 조력을 받아 본 적 없는 개라면 낯선 사람을 상대할 때 서로를 자극하지 않는 것으로 자기 안전을 확보하려 듭니다. 반려가족으로부터 책임자로 등 떠밀리지 않은 개들도 다른 개나 사람을 공격하지 않습니다.

여러분을 보호하고 지켜 주려고 다른 개나 사람에게 짖고 공격한다는 생각은 쓰레기통에 던져 버려도 됩니다. 낯선 개나 사람을 위협하는 반려견이라면 여러분도 위협할 게 뻔한데 누가 누구를 지켜 준다는 말입니까? 여러분이 곁에 없으면 평화롭게 잘 지내면서 왜 여러분만 곁에 있으면 예민한 감정을 드러내는지에 관해 오늘 하루만이라도 고민해 보세요!

짖고 공격적인 행동의 이면에 가려져 있는 방어책임자로의 삶이 얼마나 힘든지 느껴지지 않으세요? 그런 행동을 할 때마다 여러분을 흘깃흘깃 쳐다보는 불안한 시선과 슬픈 눈빛이 느껴지지 않으세요? 오늘 하루도 감당하기 힘들다 아우성치는데 여러분은 왜 그 권한을 빼앗아 오지 않고 달래고만 있습니까?

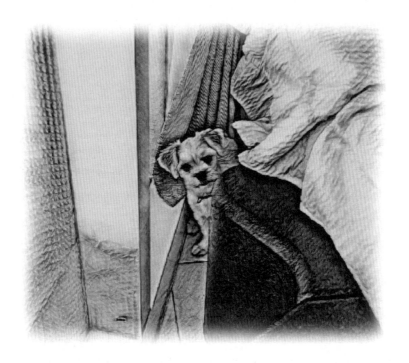

개는 왜 힘들게 집을 지키는가

개들에게는 손님이란 개념이 없습니다. 개들에게는 택배도 오지 않습

무엇이 개를 힘들게 하는가!

니다. 개들은 음식을 주문해 먹지 않습니다. 개들은 이웃이 필요하지 않습니다. 개들은 낯선 개들을 친구로 여기지 않습니다. 이런 이유로 개들은 집을 지켜야 합니다. 이런 외부 자극들은 개의 입장에서 '침범'입니다. 문 밖이나 창밖 가까이에서 나는 소리는 자신의 은신처 근처에까지 외부 세력이 침범했다 여기고, 현관을 들어서는 모든 외부인은 '침입자'라 여기기 때문에 '짖음'으로 이를 차단하려 들게 됩니다.

'짖음'은 개들에게 가장 일상적인 방어수단이지만, 짖음은 아무나 무턱대고 사용할 수 있는 건 아닙니다. 혼자 떠돌아다니는 개는 짖음을 사용하지 않습니다. 지키는 것보다 피하는 것이 더 유리하기 때문에 위험을 무릅쓰고 저항하지 않지만, 무리를 이룬 개들은 은신처와 생활터전을 지키기 위해 짖음을 사용합니다. 하지만, 들이나 산에서 살아가는 개들은 언제든 그곳을 버릴 여지를 가지고 방어하기 때문에 맹렬한 짖음을 사용하지는 않습니다.

그렇다면 인간과 무리 맺은 반려견들은 왜 필사적으로 집을 방어하려 드는 걸까요? 피할 수 없는 구조 안에서 배수진을 친 상태로 방어해야 하기 때문입니다. 집은 은신처이면서 큰 굴과 같습니다. 콘크리트 벽이나 담장으로 둘러싸인 구조는 더 이상 물러설 곳 없는 최후의 방어선이기 때문에 필사적으로 사수하려 애씁니다.

반려견의 짖음은 혼자일 때보다 반려가족과 함께일 때 훨씬 더 강도가 높아진다는 걸 알고 있습니까? 집에 혼자 남겨진 반려견 중 많은 수가 외부 소리나 초인종 소리에 짖지 않는다는 걸 알고 있습니까? 이는 무엇을 의미하는 걸까요? 여러분이 짖음을 부추기거나 조장하고 있음을 방증하는 것입니다. 반려가족에 의해 반려견의 집 지키기 행동이 만들어진 것이며, 집을 지키는 책임과 권한이 반려견에게 주어졌음을 의미하기도 합니다.

'방어'는 약한 개체에 의해 시작되는 게 아니라, 주도적인 입장에 있는 개체에 의해 시작되는 것입니다. 무리 내 통솔권을 가진 개에게 방어나 도주의 판단권한이 있다는 뜻이고, 방어의 수단인 짖음은 통솔권을 가진 존재, 즉 '최상위'에게서 시작되는 것입니다. 그렇다면, 여러분 가정에서 가장 먼저 현관 앞에 나서거나 짖는 존재인 '최상위'는 누구인가요? 물어보나마나 '반려견'입니다. 그렇다면 여러분의 반려견은 가족의 집을 지키는 게 아니라, 자신의 영역을 지키는 것입니다.

여러분은 반려견에게 어떤 존재인가요? 방어에 동참하는 조력자이자 추종세력 아닌가요? **'Chapter 1. 개와 인간 '무리'가 되다'**에서 개가 인간을 어떻게 주도하게 되는지 설명하였습니다. '반려견 행동이론'에서 집을 지키기 위한 짖음은 '방어주도행위'입니다. '방어주도권'이 반려견에게 있음을 말하는 것입니다.

손님이라는 개념을 가지지 못하는 반려견의 입장에서 현관을 들어서는 모든 존재들은 '침입자'로 간주됩니다. 집을 방문하는 사람을 손님이라 인식시켜 줄 수 없다면, 강아지를 입양한 그날부터 여러분은 집을 방어하는 권한이 누구에게 있는지를 강아지에게 보여 줬어야 했습니다.

무엇이 개를 힘들게 하는가!

반려견이 짖음을 짖을 줄 모르던 입양 초기부터 문 밖에서 나는 소리에 가족이 먼저 확인하는 모습을 보였어야 했고, 손님이 집에 들어설 때 강아지보다 앞서 응대하면서 강아지가 현관 앞까지 다가오는 걸 차단하고 집 안으로 쫓아 주었어야 했습니다. 이런 행동이 방어권한을 가진 존재가 누구인지를 명확히 인지시키는 것이고, 그 영향으로 반려견은 가족을 앞서 집을 지키려 들지 않게 됩니다.

그런데 지금껏 여러분이 반려견에게 보여 준 행동은 어떠했습니까? 낯선 사람을 자주 접촉하게 해야 사회성이 좋아진다며 손님이 올 때마다 현관까지 따라오게 부추기거나 안은 채 응대하지 않았습니까? 방어의 최전선은 모든 강아지들이 두려워하는 곳입니다. 그곳에서 방어를 부추기거나 먼저 다가가 있는 행동을 방치하지 않았다면, 손님이 방문할 때 현관 앞에 나서 있지 않습니다.

정상적인 방어 짖음은 상대를 확인한 후 사용해야 합니다. 상대의 정체도 확인하기 전에 짖는 행동은 오히려 상대에게 자신의 위치나 규모를 들통당하는 위험한 전략이기 때문입니다. 하지만, 대부분의 반려견은 왜 무턱대고 짖고 보는 걸까요? 어떻게 집을 지켜야 하는지 어미나 어른개로부터 배운 적이 없기 때문입니다. 집 앞까지 접근한 외부 세력이 실제 침입을 시도할지 그즈음에서 돌아갈지를 살펴봐야 함에도 무조건 짖어 대는 불안정한 행동을 보입니다. 그래서 반려견의 집 지키기 짖음이 개들의 정신을 고달프게 만드는 것입니다.

어떻게 지켜야 하는지도 모르면서 자신의 책임은 다해야 하는 '겁쟁이 대장'들의 전투적 짖음이 어쩌면 여러분에게 제발 도와달라는 간절한 부탁은 아닐는지요? 짖는 개들의 삶은 고통스럽습니다. 제발 집 지킬 권한을 다시 여러분에게로 되찾아 오세요! 그 짐만 내려 줘도 반려견들의 삶의 질은 월등히 높아집니다.

개는 왜 분리불안과 고립불안에 빠지는가

개를 의인화하는 문화권에서 '분리불안'은 피해 갈 수 없는 과정이 되고 있습니다. 실내에서 생활하는 반려견이라면 나이와 상관없이 스스로 먹고, 스스로 걸어 다닐 수 있을 정도의 건강 상태라면 분리불안은 언제든

무엇이 개를 힘들게 하는가!

갑자기 나타날 수 있습니다.

 분리불안의 양상은 가족이 사라진 현관 앞에서 온종일 짖기를 반복하는 형태를 비롯해 가족이 머물렀던 공간을 배회하며 하울링을 연발하는 '고립불안' 형태와 탈출을 시도하기 위해 출입구 근처를 뜯는 행위나 불안정해진 심리 상태로 인해 집 안 곳곳을 강박적으로 훼손하는 형태도 있으며, 혼자 남겨진 집 안을 안전하게 만들기 위한 배설행위까지 다양하게 나타납니다.

 이 모든 행위들은 심리적 불안에서 기인하는 것으로, 개들이 집에 혼자 남겨지는 것을 매우 겁내함을 알 수 있습니다. 매일 반복되는 가족의 외출과 귀가에 익숙해질 만도 한데, 왜 시간이 갈수록 더 심해지는 것일까요? 그 원인은 집 밖을 두려워하는 데 있습니다. 개들은 '무리' 외의 사회적 관계를 만들지 않고 살아가는 동물이라는 점을 **Chapter 1. 개와 인간 '무리'가 되다**에서 설명한 바 있습니다. 집 외부에서 마주하게 되는 존재들을 편안하게 대하지 못하는 이유가 바로, 외부 세력들을 견제 대상이나 경쟁 상대로 여기기 때문입니다.

 개들에게 가장 조심해야 할 대상은 '낯선 개'입니다. 인간에게 인간이 가장 위협적인 경쟁자가 되듯 개들에게는 개가 가장 위협적인 1순위의 경쟁상대가 되며, 그 다음이 고양이, 그 다음이 낯선 사람이나 빠르게 접근하는 이동수단들입니다. 그런 대상들을 두려워하는 반려견들에게 집 밖은 매우 위험한 세상으로 여겨지며, 특히 다른 개를 두려워한다면 분리불안은 반드시 나타나게 됩니다.

 사람들은 개들이 다른 개를 만나는 걸 좋아할 것이라 착각하지만, 1순위 경쟁자인 다른 개를 자주 마주치게 되면 자신이 위치해 있는 공간이 다른 개들의 세력권이라 여기게 되어 그 공간에 머무르는 걸 무서워하게 됩니다. 산책 나온 모든 개들이 동일한 생각을 함으로써 서로가 서로를 의식하게 되어 불안정한 상태를 보이게 되는데, 걷지 않으려 하거나 지나치게 급하게 걸으려 하거나 다른 개의 마킹에 집착하는 행동들을 나타내게 됩니다.

 개들의 '마킹'은 긴장감의 표현입니다. 혼자서 하는 개인적인 활동이 아니라, 다른 개를 의식한 표식이기 때문에 그 표식을 확인한 개도 덩달아 긴장하게 되어 자신의 오줌으로 그 표식을 덮으려 애쓰게 됩니다. 반려견이 다른 개들과 자주 만나는 걸 좋아할 거란 생각은 개들의 생각과 정면으로 배치되지만, 이것을 이해하지 못하는 반려인은 다른 개의 마킹을 확인하는 것이 좋은 활동일 거라 착각하여 더 많은 마킹을 확인하도록 돕습니다.

 매번 일정한 구역을 산책하는 반려견일지라도 매일 다른 개들의 마킹을 확인하게 되면 긴장과 흥분이 높아지는데, 매번 다른 곳으로 산책시키거나 자동차를 타고 먼 곳으로 이동해 산책시킬 경우 반려견의 입장에서는 더 낯설고 많은 개들의 영역을 탐색하게 되는 부담으로 인해 외부 공간에 대한 긴장이 더 높아지게 됩니다. 긴장이 높아질수록 가족과의 심리적

무엇이 개를 힘들게 하는가!

유착이 강화되어 혼자 남지 못하는 지경에 이르는 것이 분리불안입니다.

집 주변에 다른 개들의 소리가 전혀 들리지 않는 환경이면서 단 한 번도 집 밖에서 다른 개를 만나거나 낯선 개의 마킹을 확인한 적 없다면, 분리 불안은 만들어지지 않습니다. 다르게 보자면, 반려견을 처음 산책시킬 때 부터 낯선 개와 인사시키거나 낯선 개의 마킹을 찾도록 하지 않았다면 분 리불안이 만들어질 확률은 현저하게 낮아집니다.

어떤 사람들은 저에게 "개는 평생 동안 다른 개를 만나거나 놀면 안 되 는 건가요?"라고 묻습니다. 전혀 그렇지 않습니다. 다른 개를 만나는 자체 가 문제되는 것이 아니라, 다른 개에 대한 자의적인 판단에 빠지게 두는 것이 문제가 되는 겁니다. 여기에서 또 다시 대두되는 문제가 양육자가 '모방학습' 대상으로서의 역할을 수행하였느냐, 그렇지 못했느냐입니다. 양육자가 반려견과 산책하면서 다른 개나 사람을 의식하지 않고 걸었다 면, 반려견도 그렇게 따라 해야 합니다.

하지만, 입양 초기부터 반려견에게 맞춰 온 양육자라면 모방의 대상이 되지 못합니다. 어른으로서 무리 내 질서를 가르치고 세상을 익히는 데 가이드 역할을 해 왔다면, 반려견들은 자기 판단에 빠지지 않습니다. 주 도적인 양육자가 다른 개를 지나칠 때 매우 안정적이고 무덤덤했다면, 반 려견도 그렇게 따라 배우게 되지만, 주도권을 반려견에게 빼앗긴 양육자 가 무덤덤하게 행동한들 그것은 모방해야 할 행동이 아닌, 다른 개를 회 피하는 나약한 행동으로 비춰지게 됩니다.

    강아지를 기르는 사람이 세상을 가르칠 만한 자신 있고 주도적인 존재로 인식되어 왔다면, 반려견은 집 밖을 그리 무서워하지 않게 되며 다른 개들을 두려워하지도 않게 됩니다. 그러므로 그런 개들에게는 분리불안이 나타나지 않는 것입니다. 산책길에서 만나게 되는 개들 중 줄을 끌어당기지 않고 다른 개의 마킹에 집착하지 않는 개들이 바로 그런 양육자와 살아가는 개들입니다.

    분리불안은 이탈한 가족과 합류할 수 없게 하는 '감금'이라는 여건 외에도 '이탈'과 '탐색'의 주도권한과도 직접적 연관성을 가지는데, 반려견이 가정 내에서 주도적 역할을 해 왔다면 주도자인 반려견만 남겨 둔 채 집을 이탈하는 행위는 통제받게 됩니다. 가족의 무단 이탈에 대한 통제행위가 바로 온종일 현관 앞에서 짖어 대는 전형적인 '분리불안'이고, 가족에 대한 주도성이 높지 않은 개들이 집 안 이곳저곳을 옮겨 다니며 울부짖는 행동이 '고립불안'입니다.

    어떤 형태의 분리불안이든 '개가 개를 두려워하는 행동'이라는 점은 동일합니다. 분리불안을 단순히 고쳐야 할 문제행동으로 생각하기보다 다른 개를 두려워하는 바탕 위에 여러분이 반려견에게 든든한 모방대상이 되지 못한 것의 합작품임을 인식해야 합니다. 반려견이 분리불안이나 고립불안에 걸렸다면, 다른 개들을 몹시도 무서워하고 있음을 떠올리세요! 분리불안 증세가 완전히 사라질 때까지는 개들이 모여 있는 어떠한 공간에도 데려가지 말아야 합니다.

무엇이 개를 힘들게 하는가!

만나면 만날수록 익숙해지는 게 아니라, 만나면 만날수록 더 겁먹고 경계하기 때문입니다. 반려견의 분리불안이 매우 심한 상태라면 집 밖에서 만나는 개들을 완전한 적으로 여기고 있는 상태입니다. 그러므로 분리불안을 겪고 있는 중에는 절대 다른 개와 접촉시키지 마세요! 그와 함께 **'Chapter 8. 모든 문제의 근원 '주도권'**"을 따라 문제를 해결해 나가세요!

개는 왜 자기 신체를 자해하는가

개들의 신체 자해는 몸을 긁어 피부를 상하게 하는 것, 발톱을 깨물어 깨지게 만드는 것, 발톱을 뽑아 버리는 것, 앞다리의 피부를 뜯어내는 것, 허벅지를 공격해 상처를 입히는 것, 자기 꼬리를 공격해 피를 흘리거나 끊어 버리는 것 등으로 나타납니다. 이런 행동들은 갈수록 더 많은 개들에게서 나타나고 점점 더 어린 개들에게까지 보이고 있습니다. 이런 강박적인 신체 훼손은 개들의 심리가 매우 불안정해져 가고 있음을 읽을 수 있는 단서이므로 이제 개의 행동문제를 다루는 영역은 교육이나 훈련의 범위를 넘어 심리치료까지 이르게 된 것입니다.

신체를 물어뜯거나 공격해 피를 흘리는 상태는 강박행위의 최정점에 다다른 행동입니다. 이런 행동은 시도 때도 없는 과도한 짖음이나 분리불안에 의한 무분별한 배설 문제, 가구나 벽을 뜯는 문제보다 훨씬 더 높은 단계의 중중 심리불안으로 볼 수 있습니다. 자기 신체에 대한 강박적인 자해나 공격을 나타내는 개들은 일반적인 개들에 비해 스트레스에 취약한 타입으로 볼 수 있는데, 특히 허벅지나 꼬리를 공격해 심하게 물어뜯는 행동을 보인다면 일상생활에서 스트레스를 매우 높게 받고 있음을 의미합니다.

이런 행동들은 사람과 살아가지 않는 개들에게서는 나타나지 않습니다. 개들이 인간 사회에 들어와 겪게 되는 부자연스러운 삶, 정신적인 자유가 박탈당한 삶, 다른 개들과의 끊임없는 심리적 경쟁, 산책이라는 이름으로 낯선 무리의 영역을 탐색해야 하는 불안한 삶이 그들의 정신을 온전히 버티지 못하게 괴롭히기 때문에 만들어지는 행동입니다.

허벅지나 꼬리에 공격을 가하는 개들이라면 접촉에 매우 민감한 상태에 있기 때문에 가족의 사소한 쓰다듬기나 침대나 소파에서의 건드림, 빗질이나 목욕 상황에서도 과민한 방어행동을 보이기 십상이며, 음식을 지키거나, 가족이 외출하려 하거나, 산책을 나가거나, 장난감으로 놀아 주는

무엇이 개를 힘들게 하는가!

등의 긴장이나 흥분이 일어나는 상황들에서 자기 신체나 가족을 공격하려 들기도 합니다.

신체 자해나 공격은 처음에는 가족이 곁에 있을 때 시작되지만, 자주 반복되는 과정에서 스트레스가 지속적으로 축적되어지면 혼자 남겨진 상태에서도 일어날 수 있습니다. 이런 반려견을 기르는 사람들은 반려견이 자신이 원하는 것을 들어주지 않을 때 보여 주기 식 행동을 하는 것처럼 느껴진다고들 말합니다.

자기 허벅지인 줄 알고 자기 꼬리인 줄 알면서도 뭔가 불만이 있을 때마다 피를 흘리는 고통을 감내하고라도 전달하고자 하는 것은 무엇일까요? 그들 본연의 삶과 현실의 삶에 너무 큰 괴리가 있다는 걸 말하고 싶어 합니다. 어른이 되는 과정이 생략당하고 감금이라는 틀 안에서 생활하며 집이라는 은신처에 머물고 있어도 주위의 다른 개들 소리에 긴장하는 일이 반복되는가 하면, 거의 매일 다른 개들의 영역을 지나다녀야 하기 때문입니다. 이런 일들은 개들의 습성에 비추어 볼 때 매우 당혹스러움의 반복이며, 자신들 본연의 삶을 방해받아 생존의 위협으로까지 느껴지게 할 수 있습니다.

본연의 삶과 현실의 삶 사이의 괴리감을 크게 느낄수록 억눌리고 불안한 감정을 감당하지 못하게 되어 강박적인 행동으로 빠져들 확률이 높습니다. 신체를 자해하는 강도가 높을수록 스트레스는 높게 축적되다 보니 이런 개들은 높은 스트레스 수치에 의해 교감신경이 필요 이상으로 활성화되고 코르티솔이 과잉 분비되면서 호르몬 불균형과 관련된 갖가지 건강 문제를 일으키는 것으로 알려져 있습니다. 허벅지나 꼬리를 공격해 상처를 입히는 개들의 경우 콜레스테롤 수치가 정상에 비해 월등히 높다는 것도 밝혀진 사실입니다.

단순히 화를 내거나 가족에게 불만을 표현하는 것이 아니라, 사소한 긴장이나 흥분에도 스트레스를 입기 때문에 자신도 모르게 교감신경이 과하게 활성화되어 매우 불안정한 상태에 빠져든다는 것입니다. 이 문제를 해결하기 위해서는 꽤 많은 시간과 노력이 필요한데, 개들 본연의 습성에 맞게 생활방식을 점진적으로 바꿔 내야 하기 때문입니다. 사람들은 개들의 행동문제를 훈련을 통해 가르치는 것으로 생각하지만, 실제 긴장과 흥분에 관련된 여러 행동들에서 훈련이 아닌, 심리이완이 먼저 시도되어야합니다.

특히, 개들이 인간과 살아가는 생활구조가 다른 개들과 연관되지 않을 수 없는 관계로 이 부분을 가장 주의 깊게 살펴야 하므로 산책이나 실내공간 등에서 다른 개들과의 접촉상황을 만들지 않아야 함을 명심해야 합니다. 자연에서의 삶을 제공해 주지는 못할지라도 최대한 그들의 습성이 방해받지 않도록 하고 그와 함께 주도성을 낮춰 줌으로써 다른 개들에 대한 배타성을 최소화하여 본성과 충돌되는 상황에서도 과민하게 반응하지 않도록 도와야 합니다.

개들은 반려가족을 만만하게 여겨 화풀이를 하려는 것이 아닌, 세상이

무엇이 개를 힘들게 하는가!

너무 혼란스러워 도와달라는 몸부림으로 자신의 살을 뜯어 피 흘리고 있습니다.

개는 왜 편안하게 산책하지 못하는가

많은 양육자들이 반려견의 불안정한 산책 문제로 힘들어합니다. 흥분된 상태로 끌어당기거나 우왕좌왕하며 걷거나 다른 개나 고양이, 사람을 상대로 짖는 문제로 인해 제대로 된 산책이 어렵다고 말합니다. 산책 관련 상담을 해 오는 분들 중에는 다른 개나 사람을 상대로 하는 짖음과 공격적 행동으로 인해 산책이 두렵다고 토로하기도 하고, 어떤 사람들은 산책을 수개월째 나가지 않고 있으며 그로 인해 반려견에게 책임을 다하지 못하는 자신을 탓하기도 합니다.

이 책의 많은 부분에서 '개는 개를 무서워한다', '개는 개를 친구로 여기지 않는다'는 것을 강조하고 있습니다. 안정적인 산책을 하지 못하는 개들에게는 개를 더 무서워하게 만들고 더 배타적으로 대하도록 한 양육자가 존재합니다. 반려견들은 어린아이가 아니라는 사실을 인정하지 않고는 이 문제의 본질에 접근조차 어려우니 지금 생후 5개월이 지난 반려견이라면 어린아이 또는 어린 강아지라는 생각을 버리고 청소년 또는 어른이라는 시각으로 공감해 주길 당부 드립니다.

사춘기에 접어든 개들은 이미 가족과 '무리'를 이룬 상태로 살아갑니다. '무리'란 사냥을 통한 섭식 활동과 그것을 지속하기 위해 섭식 환경을 보호해야 하는 생존 공동체로서 매우 폐쇄적인 집단을 의미합니다. 이 점은 시간이 아무리 흘러도 변하지 않을 개라는 동물종의 특성이자 본성입니다. 그럼에도 많은 양육자들은 반려견을 집 밖으로 데리고 나가는 것을 매우 자연스러운 활동으로 착각한 나머지 산책길에서 만나는 낯선 개와 인사를 시키거나 다른 개가 의도적으로 남겨 놓은 마킹을 확인하도록 부추깁니다.

반려견은 이미 반려가족과 '무리'라는 폐쇄적인 집단을 형성하였음에

무엇이 개를 힘들게 하는가!

도 그런 활동들이 반려견에게 미칠 나쁜 영향에 대해 고민하지 않는 것은 문제가 있습니다. 많은 냄새를 맡는 것은 개들의 정신과 신체를 활성화시키는 긍정적 작용을 하겠지만, 다른 개에 대한 의식적 집착이 높아질수록 과민함에 의한 부정적 영향을 주게 됩니다.

길모퉁이나 전주, 기둥, 나무 밑동에 묻어 있는 다른 개의 오줌을 맡게 했을 때 나날이 더 안정적으로 걷게 되었다면 긍정적 영향을 준 것이지만, 마킹 냄새를 맡으면 맡을수록 조급하게 행동하고 점점 더 집착적으로 맡게 되었다면 부정적 영향을 준 것입니다.

다른 개의 마킹을 찾는 것은 즐거운 놀이도, 행복한 소통도 아닌 '긴장 활동'입니다. '무리'를 이룬 개라면 더더욱 낯선 개의 마킹은 심기에 거슬리는 것이고, 길에서 마주하게 되는 낯선 개들은 같은 서식지 안에 머무르는 투쟁의 대상으로 여겨지게 됩니다. 다시 강조하지만, 무리를 이룬 개에게 낯선 개는 친구가 될 수 없습니다. 더 정확하게 말하면, 친구를 사귀지 않습니다. 여러분의 눈에는 맞은편에서 나타난 낯선 개에게 꼬리를 흔들며 달려가려는 행동이 친구를 만난 어린아이의 반가움으로 보이겠지만, 그건 좋아서가 아니라 당황스럽다는 표현입니다. 그런 행동을 방치하거나, 오히려 인사하라고 접촉시키기를 반복하게 되면 머지않아 길에서 만나는 개들을 향해 광분에 가까운 짖음을 사용하게 될지 모릅니다.

인간은 시각에 의존도 높은 동물이고 개는 후각에 의존도가 높은 동물입니다. 인간은 시야에 들어온 형상이나 움직임을 기준으로 상황을 판단하려 하기 때문에 흥분된 상태로 다른 개에게 뛰어가려는 반려견의 행동을 즐거움이나 반가움으로 처리하려 듭니다. 반면, 개는 후각 의존도가 높기 때문에 길에서 만난 낯선 개의 정체를 '냄새 맡기'를 통해 확인하려 드는데, 어디선가 맡았던 마킹 냄새와 그 개가 동일한 존재인지 아닌지를 최종적으로 확인하려는 것입니다. 달려가자마자 항문과 생식기 냄새를 맡는 이유가 여기에 있습니다.

즐거워서가 아니라, 확인을 통해 낯선 개의 정보를 획득하려는 노력입니다. 이는 안전 확보를 위한 매우 중요한 수단으로써 누군가의 마킹 냄새와 실제 마킹의 주인을 연결시켜 그 개에 대한 정보, 특히 안전한 개인지, 아닌지를 데이터화하려는 시도입니다. 이 활동도 하지 못하는 개라면 다른 개에 대한 두려움이 훨씬 더 높은 것으로 간주할 수 있습니다.

전주나 벽의 모퉁이, 기둥, 가로수 하나하나를 다 확인한다면 만나는 모든 개를 확인해야 할 이유가 생깁니다. 마킹과 마킹의 주인을 모두 연결 짓고 싶어지기 때문입니다. 집착적일 만큼 마킹을 확인하고 마킹의 주인에 대한 정보를 처리하려는 시도는 상당히 주도적인 개들의 활동입니다.

반려견들은 집만 나서면 수없이 많은 개들의 마킹이 존재하는 상황이 당혹스러울 겁니다. 개들의 본성대로라면 자신의 무리가 매일 탐색하는 영역 내에 다른 개의 마킹은 '침범'을 의미하는 것이고, 그 침범세력에 맞서 자기 무리의 영역을 사수할 수 있어야 함에도 매일 산책을 나설 때마다 수많은 개들과 새로운 개들의 마킹이 끝도 없이 확인된다는 것은 영역

무엇이 개를 힘들게 하는가!

방어에 문제가 있거나, 혹은 다른 무리의 영역에 자신이 들어와 있는 것으로 여겨지기 때문입니다.

자신의 영역에 다른 개들이 침범했다 여기게 되면 길에서 만나는 모든 개들을 영역 밖으로 쫓아내기 위해 공격적으로 짖고 위협하려 들 것이고, 오히려 자신이 남의 영역에 들어간 것이라 여기게 되면 그곳을 빠르게 벗어나기 위해 앞만 보고 줄행랑을 치거나 걷지 않으려 할 것입니다. 남의 영역에 들어선 개는 영역 주인들로부터 추격당하지 않기 위해 배설조차 하지 못하고 그곳을 벗어나려 합니다.

집 밖의 환경을 이토록 불안하게 여기는 개들이 어떻게 편안하게 산책을 할 수 있을 것이며, 어떻게 낯선 개를 의식하지 않고 지나칠 수 있을까요? 이 문제를 해결하기 위해서는 여러분이 무리를 이끄는 책임자의 역할을 명확히 드러내야 합니다. 책임자는 자기 무리의 영역을 걷든 남의 영역을 걷든 상관없이 매우 침착하고 의연해야 하며, 자신이 하지 않는 모든 행동을 반려견도 하지 않도록 해야 합니다.

여러분이 달리고 싶지 않은데 반려견이 달리려 하거나, 계속 걸어야 하는데 따라오지 않고 버티거나, 여러분은 다른 개의 마킹에 관심이 없는데 반려견이 그것을 확인하려 한다거나, 여러분이 길을 가다 정지했음에도 반려견이 어디론가 이동하려 하는 행동을 하지 않도록 제어해야 합니다. 자유를 박탈하는 것이 아니라, 여러분을 믿고 여러분을 의지하며 여러분이 불안하지 않으므로 반려견도 불안해하지 말도록 가르치는 방법은 여러분의 결정에 따르도록 하는 것입니다. 자유와 무조건적 허용을 혼돈하지 마세요! 자유는 마음의 평화가 기반되지 않고는 누릴 수 없는 것입니다.

개는 왜 음식이 아닌, 이물질을 먹으려 하는가

심한 이식증으로 두 번의 위장절개 수술을 받은 포메라니안이 있었습니다. 집 안에서는 떨어진 머리카락과 먼지까지 먹어치우고 산책 때는 돌과 쇠붙이를 비롯한 모든 것을 삼켜 버리는 행동을 일삼다가 결국 이물질이 위장에 갇혀 두 번의 수술을 한 것입니다. 이후 가족들은 강아지를 산책시킬 때 바닥에 내려놓지 못하고 한 시간여를 안고 다녀야 했습니다.

무엇이 개를 힘들게 하는가!

이식증은 음식 욕구가 높은 개들에서만 나타나는 게 아니라, 사료에는 거의 관심이 없는 개들에서도 나타나는 증상입니다. 이 말은 음식 강박증에 의해 이물질을 먹으려 하는 것이 이식증의 원인이라 단정할 수 없다는 뜻입니다. 배고픔은 정서적 불안정을 만들기 때문에 이식증과 무관하다 말할 수는 없지만, 이식증은 단순 '섭식장애'가 아닌, 강박행위로 구분하는 것이 타당하므로 생활 전반에서의 정서적 불안정을 살펴봐야 합니다.

이식증을 보이는 개들은 차분하기보다 매우 조급하고 산만한 경우가 많습니다. 혼자 집 안을 이리저리 바쁘게 돌아다니기도 하고 가족이 움직이면 자다가도 벌떡 일어나 재빨리 쫓아오기도 하며, 종이나 벽지를 찢는 행동을 자주 보이고 딱딱한 바닥을 긁거나 파헤치려 하기도 하며 자기 신체를 자주 핥거나 오래 긁기도 합니다.

이 모든 행동을 다 나타내는 경우가 있을지는 모르겠지만, 이식증을 가진 개들의 공통점은 뭔가에 쫓기듯 매사에 급하고 불안정하다는 것입니다. 산책길에서 바람에 날리는 나뭇잎이나 작은 종잇조각에도 빠르게 반응하고 바닥만 훑으며 걷기도 합니다.

이식증이 잘 나타나는 견종이 있습니다. '포메라니안'과 '토이푸들'과 '스피츠'와 '폼피츠', '미니비숑'입니다. 또한 이식증이 잘 나타나는 타입의 개들이 있습니다. 이런 타입의 개들은 어려서부터 매우 급하고 잘 쉬지 못하며 불안정한 모습을 보이는 특징이 있습니다. 개들의 성격과 기질이 견종에 크게 연관되지 않는다는 보고들이 있긴 하지만, 그런 연구결과들은 연구자들이 좇는 결과물의 방향에 의해 만들어지는 것이지, 품종 고유의 전체 특성을 반영하지는 못합니다.

오랫동안 포메라니안과 토이푸들을 접해 오면서 토이푸들에 비해 포메라니안의 행동이 더 통일성 있음을 알 수 있었고, 토이푸들의 경우 포메라니안에 비해 행동이나 기질적 특성이 다양한 측면이 있긴 했지만, 토이푸들만의 소심함과 불안정, 조급함의 특이성은 분명 존재합니다. 포메라니안에서 이식증이 많이 나타나는 이유는 그들이 가지고 있는 급하고 예민한 기질 때문으로 생각됩니다. 이에 따라 포메라니안과 근연관계에 있는 스피츠와 그 둘의 믹스종인 폼피츠에서도 이식증은 자주 목격됩니다.

이 외의 다른 견종들에서도 이식증은 나타날 수 있는데, 견종은 다를지라도 포메라니안처럼 야생성이 높고 예민한 기질을 가지고 태어났거나, 미니비숑이나 토이푸들처럼 빠르고 소심하거나 불안, 초조함을 잘 느끼는 타입에서 나타날 가능성이 높습니다. 포메라니안이 짖는 모습을 보면 짖을 때마다 마치 총을 쏠 때 몸이 반동에 의해 뒤로 후퇴하는 듯한 모습을 보이는데 다른 견종들에 비해 매우 예민하고 조급한 행동입니다.

마치 여우나 자칼 같은 소형의 야생 갯과 동물이 방어에 임하면서도 도주를 준비하는 것과 흡사한 이런 행동은 포메라니안들이 매우 야생성 높은 소형 갯과동물이라는 단편적 근거입니다. '야생성'은 야생에서 살아가는 동물들의 살아가는 방식과 성향을 의미하는데 야생성 높은 견종일수록 인간과 살아가는 구조에서 많은 정신적 충돌을 일으킬 게 자명합니다.

무엇이 개를 힘들게 하는가!

야생성은 순전히 자신들의 행위로 먹이를 구하고, 활동역역을 유지하며 생존활동을 지속해 나가는 자연의 삶에 적합한 기질인데, 야생성 높은 포메라니안이 갇혀진 공간에서 먹이 탐색을 금지당하고 시도 때도 없이 손님이라는 침입자를 상대해야 하며, 다른 개들과 자주 조우한다는 것은 그들의 입장에서 말도 안 되는 일들입니다.

제가 만나 본 이식증 심한 포메라니안 중에는 벽지나 바닥재를 뜯는 것은 물론이고, 배변패드를 마치 기계가 뜯어내는 것처럼 균일하게 뜯어내고는 먹어 치우는 경우가 있었는데, 이 개는 집 안과 밖에서 매우 불안정한 몸놀림을 하면서 잠시도 차분히 있지 않았습니다. 가족이 소파에 앉아 TV를 보고 있으면 매달리며 짖어 대고, 울타리를 닫고 멀어지기만 해도 아주 빠르게 뛰어다니며 짖음을 통해 무언가를 끊임없이 요구하고 있었습니다.

이물질을 삼키는 건 먹고 싶어서가 아닙니다. 개들은 그것이 먹지 못할 것임을 잘 알고 있으며, 소화장애의 개선을 목적으로 하거나, 부족한 영양소를 흡수하기 위해 섭취하려는 것도 아닙니다. 불러도 관심을 보이지 않거나, 집 안에서 가족이 뛰어다녀도 따라오지 않거나, 매일 늘어지게 잠만 자는 개들에게는 이식증이 없습니다.

결론적으로 보자면, 이식증은 먹고 싶어 먹는 행동이 아니라, 불안정한 심리 상태에 의해 일어나는 정서불안적 강박행동이라는 것입니다. 제아무리 예민하고 성격 급한 반려견일지라도 어려서부터 훈육 과정을 잘 거처 왔다면 이식증은 나타나지 않을 확률이 높습니다. 훈육 받지 않은 개들 중 집 안에서 시도 때도 없이 부르고 만지고 장난치고 껴안기를 반복하고 어디를 가든 쫓아오게 만들어진 개들에게서 이식증은 예고 없이 나타납니다.

개는 왜 자신의 똥을 먹으려 하는가

흔히 식분증의 원인을 '가족에게 관심 받기 위해', '호기심 때문에', '배변 실수에 혼난 기억으로 변을 감추려고', '어릴 때 음식을 충분히 먹지 못해'

무엇이 개를 힘들게 하는가!

등으로 추측합니다. 하지만, 자신의 똥은 먹고 다른 개의 똥은 먹지 않는 개가 있고, 다른 개의 똥은 먹으면서 자신의 똥은 먹지 않는 개가 있다면 앞의 원인들은 적용 가능한 추측인가요?

 개들이 가장 좋아하는 똥이 어떤 종류인지 생각해 본 적 있는가요? 가장 잘 먹고 좋아하는 건 사람의 '인분'입니다. 아마 야외에서 풀어놓고 거닐다 뭔가를 먹고 있는 듯하여 확인해 보았더니 반려견이 인분을 먹고 있는 끔찍한 경험을 해 본 분들이 적지 않을 겁니다. 다음으로 좋아하는 건 초식동물의 똥입니다. 인분을 좋아하는 건 그 안에 온갖 다양한 흡수되지 않은 성분들이 많기 때문이고, 초식동물의 똥을 좋아하는 건 풀을 섭취하는 특성상 식물성 원료가 배출되기 때문입니다. 개들에게도 식물성 영양소는 매우 필요한 성분들입니다.

 다른 동물의 똥을 먹는 건 배출된 영양분이나 대사 과정에서의 또 다른 합성성분을 흡수하기 위해서라고 추측 가능하지만, 개가 개의 똥을 먹는 이유는 무엇일까요? 그 안에도 흡수되지 않은 영양소가 남아 있기 때문입니다. 잘 흡수된 똥은 영양분이 많이 배출되지 않지만, 흡수율이 낮은 개의 똥은 단백질과 지방이 많이 함유된 채 배출됩니다. 개는 이것을 먹으려는 것입니다. 식사 급여량을 아무리 늘려 본들 사료는 남기지만, 똥을 먹는 행동은 멈추지 않습니다. 왜냐하면, 사료는 먹지 않고 간식은 먹듯이 똥도 장내에서 잘 제조된 간식이기 때문입니다.

 사람과 개를 포함한 대부분의 포유류들은 췌장효소에 의해 장 안에 들어온 영양분들을 분해하고 흡수시키게 되는데, 이 췌장효소가 제대로 분비되지 않게 되면 단백질과 지방을 비롯한 성분들이 똥과 함께 배출되고 그렇게 제조된 똥 간식을 먹게 되는 것입니다. 자기 똥을 먹는 개라면 자기 몸의 췌장효소 분비가 부족한 것이고, 다른 개의 똥만 먹는 개라면 그 개의 몸에서 췌장효소 분비가 부족한 상태입니다.

췌장효소의 분비가 부족한 것은 선천적 기능부족일 수도 있고, 후천적 질병소인일 수도 있습니다. 췌장기능이 약해지거나 췌장염에 걸리게 되면 식분증은 갑자기 생길 수 있고, 어려서부터 똥을 먹어 왔다면, 선천적인 분비기능이 약할 가능성이 높습니다. 어쨌든, 개가 어떤 동물의 똥을 먹더라도 그 이유는 영양분의 섭취를 목적으로 하는 것이고, 자신들의 똥을 먹는 것도 배출된 영양분을 먹으려는 것입니다.

만약, 반려견이 똥을 먹는 행동을 혼내거나 겁먹게 했다면, 오히려 더 열심히 먹고 있을 겁니다. 반려견의 입장에서 똥을 먹고 있을 때 가족이 다가와 호통친 후 똥을 치우는 행동은 똥이 탐이 나 빼앗아 가려는 것이라 여기기 때문입니다. 똥을 감추기 위해 먹는 반려견은 없습니다.

식분증은 선천적인 췌장효소 분비 부족 외에도 '스트레스'라는 복병에 의해 촉발될 확률이 높습니다. 스트레스는 인간의 경우와 마찬가지로 개들의 췌장을 상하게 만듭니다. 똥을 먹을 때 혼내는 것만으로도 스트레스를 높이게 되고 배변 실수를 혼내더라도 스트레스를 받게 됩니다. 집을 지키기 위해 힘들게 짖는 것과 분리불안에 빠져 온종일 혼돈 상태에 있는

무엇이 개를 힘들게 하는가!

것, 가족이나 타인의 행동을 통제하기 위해 공격적인 행동을 하는 것 또한 상당한 스트레스를 가중시킵니다.

지나친 스트레스는 췌장 기능에 손상을 주고 췌장염을 일으키기도 합니다. 그로 인해 췌장은 정상적인 기능을 하지 못하게 되고 그중 하나로 효소분비가 원활하지 않게 되어 식분증이 유발됩니다. 그러므로 똥을 먹는 반려견을 혼내는 것은 식분증을 더 강화시킬 수 있습니다.

스트레스를 입은 개가 똥을 먹을 수밖에 없는 매커니즘을 알았다면, 이제 여러분이 반려견에게 무엇을 어떻게 해 줘야 할지도 알아야 합니다. 가장 먼저 췌장 건강을 확인해야 하고 문제가 없다면 장 효소제의 급여를 통해 흡수율을 높여 줘야 합니다. 수개월의 효소 섭취에도 개선되지 않을 경우 외부 스트레스를 낮춰 줘야 합니다. 짖음과 분리불안, 공격성을 완화시키는 것은 곧 '식분증'을 고쳐 내는 대안치료법입니다.

개는 왜 온몸에 힘을 주고 살아가는가

'경직'은 보기 좋은 건강함이 아니라, '노심초사'한 심리 상태의 표현입니다. 어떤 문화권에서는 개가 머리와 꼬리를 곧추세우고 걸어 다니는 모습을 보기 좋아하고, 어떤 문화권에서는 몸에 힘을 주지 않은 이완된 걸음걸이를 보기 좋아합니다. 경직된 모습과 이완된 모습의 차이는 개들의 차이기보다 기르는 사람들의 양육 형태 차이입니다.

개들은 긴장과 흥분이 일어나지 않을 때 몸에 힘을 주지 않습니다. 사람도 직장에서 맡은 일을 수행할 때 정신과 육체를 긴장시키지만, 일을 마친 후에는 이완을 통해 휴식합니다. 여러분의 반려견이 집에서 할 일이 남아 있다면 몸을 이완시키지 않을 것이고, 특별히 할 일이 없다면 이완된 상태를 보일 것입니다. 반려견이 일상적으로 머리와 꼬리를 곧추세우고 있는 모습을 좋아하는 사람이라면 집 안에서 개를 자주 만지고 놀아주고 많은 대화를 거는 사람일 테고, 몸에 힘을 뺀 채로 편하게 지내는 걸 좋아하는 사람이라면 집 안에서 개를 자극하지 않는 사람일 확률이 높습니다.

개에게 부드럽고 가는 소리로 말을 걸거나 장난과 놀이를 하거나 빠르게 만지는 등의 행동이 개에게 어떻게 받아들여지고 어떤 영향을 끼치게 되는지에 관해 '**Chapter 2. 개의 생각은 당신의 생각과 다르다**'에서 설명하였습니다. 반려견이 양육자를 자신보다 어리거나 약한 존재로 인식하거나, 자신이 주도적으로 무리의 질서와 방어를 책임지려 한다면 몸은 자주 경직되게 됩니다. 사람들의 눈에 매우 활기차고 당당해 보일지라도 그렇게 보여야 주도자로서의 힘이 과시되기 때문에 경직된 채 몸을 부풀리는 시간은 길어집니다.

집을 지키는 존재, 가족의 일거수일투족을 살펴야 하는 존재, 집 안에서 통제권을 행사하는 존재, 외부 공간에서 자신과 가족을 방어해야 하는 책임을 가진 개라면 혼자 있을 때나 잠잘 때 외에는 몸을 경직시켜 크게 만들려 합니다. 사람 사이에서도 주도적 역할을 하는 사람이 그런 것처럼

무엇이 개를 힘들게 하는가!

주도성 있고 자신감 있어 보이려면 개들도 신체에 힘을 주어야 하고, 그럴 필요가 없는 입장의 개라면 근심, 걱정이 없으므로 '방어'와 '통제'의 책임 없이 이완된 모습을 많이 보이게 됩니다.

그렇다면 목과 꼬리를 자주 치켜세우고 있는 개와 몸에 힘을 빼고 느슨한 움직임을 보이는 개 중 누가 더 편안하고 문제없이 살고 있는 건가요? 여러분의 가정에서 방어와 관리, 통제를 담당하고 있는 책임자가 반려견이라면 하루하루를 매우 불편하게 살고 있을 게 분명합니다. 자주 짖는 행동 하나만으로도 이미 문제 있는 삶을 살아가고 있는 것입니다. 여러분의 반려견이 단 하루도 짖지 않은 날이 없었다면, 단 하루도 편안한 날이 없었음을 의미합니다.

일상에서 몸에 힘을 주는 일은 사냥감을 추포할 때처럼 공이나 원반, 던져진 장난감을 쫓을 때와 급박한 상황에서 안전을 확보하기 위해 동태를 살필 때로 국한되어야 합니다. 그 외 일상에서 몸을 곧게 펴고 있는 상태를 반복시키지 마세요! 여러분의 눈에 매우 매끈하고 탄탄하며 생기 있게 보일지라도 불필요하게 긴장하고 걱정하고 있는 것입니다.

여러분이 영화나 TV, 다큐멘터리 프로그램 등에서 몸에 힘을 주지 않고 산책하거나 가족과 놀고 있을 때도 편안한 몸 상태를 보이거나, 손님의 방문에도 긴장되지 않은 모습으로 응대하는 개의 모습이 부러웠다면 여러분의 반려견도 그렇게 살도록 만들어 주어야 합니다. 관리와 통제와 방어는 개의 몫이 아닌, 여러분의 몫으로 돌리고 그에 따른 긴장과 불안과 경직도 개의 것이 아닌, 여러분의 것으로 가져와야 합니다.

SECTION 3.

어떻게 변화시켜 낼 것인가

Chapter 7.

당신이 변해야 개에게 평화가 온다

드라마틱한 변화를 꿈꾸지 마라

여러분 반려견의 문제가 어제오늘 나타난 것이 아니라면, 미디어들에
서 보여 주는 극적으로 변화된 모습을 꿈꾸지 마세요! 엄밀히 말하자면
문제가 오늘 처음 나타났을지라도 마술같이 변화시킬 수는 없습니다. 왜
냐하면, 짖음과 분리불안, 공격성은 하늘에서 뚝! 떨어진 문제가 아니라,
일상에서 개의 주도성이 높아져 나타나는 '연쇄반응'이기 때문입니다. 여

러 가지 상황 하나하나에서의 주도권이 합쳐져 전체 주도성을 만들어 내는 것이고, 그 하나하나의 주도권은 결국 반려견을 가정의 최강자이자 대표로 만들어 버립니다.

아침 일찍 가족을 깨우거나, 가족이 음식을 먹고 있을 때 요구하듯 짖고 흥분하는 문제는 그 전 단계의 주도권 여러 개를 확보한 이후 나타나는 '음식주도권'이고, 집에 온 손님이나 외부인에게 짖고 위협하는 문제는 더 많은 주도권 확보에 따른 '방어주도권'의 표현입니다.

어느 나라 할 것 없이 개를 기르는 가정이 많아지면 개에 관련된 TV프로그램이 번성하게 되는데, 문제행동 솔루션프로그램들에서 촬영 당일 큰 변화가 있는 것처럼 보여 준다면, 개의 행동이 변한 게 아니라 어리둥절한 상태에 있거나, 연출과 편집력의 조화라 보면 됩니다. 드라마틱한 화면이 여러분의 마음에 부푼 기대를 불러오겠지만, 짖음과 분리불안과 공격성, 강박행동을 고쳐 내기 위해서는 마술봉이 필요한 게 아니라, 여러분의 간절함이 필요합니다. 그 간절함 없이는 아무것도 바꿔 내지 못합니다.

그러므로, 여러분이 TV를 포함한 각종 미디어들에서 하루아침에 개의 짖음과 공격성, 분리불안이 나아진 듯한 모습을 접했다면, 머릿속에 담아 두면 안 됩니다. 그런 영상에서 보여 주는 방식은 여러분 반려견에게는 별 도움도 되지 않을뿐더러, 여러분의 머리만 혼란스럽게 만들 수 있습니다.

오랫동안 개를 공부하고, 고찰해 온 훈련사라면 하나의 문제행동에 하나의 Tip을 사용해 해결하려 들지 않습니다. 또한, 개의 행동을 사람의 행동, 특히 어린아이의 행동으로 해석하지 않습니다. 훈련사를 직업으로 하는 사람이 사춘기가 지난 개를 어린아이쯤으로 여기고 행동을 해석하려 한다면, 훈련사를 할 준비조차 되지 않은 상태이거나, 고객의 마음을 교묘히 이용하려는 것입니다.

개의 훈련, 특히 개의 심리불안과 긴장에 따른 행동문제를 다루는 훈련사라면 상당히 긴 시간 동안 개의 본성과 심리에 관해 공부하고 자기만의 이론을 구축해야 하지만, 어쩐 일인지 그런 준비된 훈련사들을 만나기는 쉽지 않습니다. 행동문제를 다루는 일은 단순히 겁주거나 간식을 제공하는 게 아니라, 심리이완을 돕는 '심리상담'의 영역입니다. 그러므로, 개의 행동문제를 다루는 사람을 '훈련사'라 부르는 것은 이치에 맞지 않고 '행동상담사'라 부르는 게 적절합니다.

경제적으로 여유가 있거나, 반려견과 함께 장기 교육프로그램에 참가하는 것을 여가생활로 즐길 수 있는 사람이라면 모를까 대부분의 반려인들은 그럴만한 여유가 없기 때문에 한 번의 행동교육으로 원하는 결과를 기대할 수밖에 없습니다. 또, 미디어들에서 보이는 단 한 번의 교육시도가 효과 있는 것으로 착각하게 될 때에도 반려견의 행동교육을 단순한 것으로 오인하기도 합니다.

훈련사나 상담사를 통한 교육을 여러 번, 오랫동안 받으면 안 됩니다. 그런 형태는 오히려 여러분과 반려견이 서로의 문제를 바꿔 가는 데 지름

무엇이 개를 힘들게 하는가!

길이 아닌, 돌아가는 길을 안내할 가능성이 높기 때문입니다. 여러분이 알아채야 할 것은 '눈 가리고 아웅'하는 특별하지도 않은 교육법들이 아니라, 반려견이 왜 문제에 빠졌고 그 문제가 누구에 의해 시작된 것인지를 명확히 깨달은 후 여러분 스스로를 바꾸고 반려견을 바꿔 가는 과정에 대한 개념입니다.

　개의 행동을 바꿔 내는 일은 그리 어렵지 않지만 문제행동의 매커니즘과 양육자 자신의 문제에 관해 성찰하지 못한 채 강아지의 마음을 상하지 않게 가르칠 방법에만 골몰하기 때문에 꼬이는 것입니다. 반려견을 가르치는 과정에서 여러분의 사랑하는 마음이 전달되지 않을까 염려하지 마

세요! 반려견이 여러분에게 실망하거나 배신감을 느낄까 걱정하지도 마세요! 바로 그런 생각과 마음 때문에 짖음과 공격성으로 가족을 힘들게 하고 반려견 스스로 고통스러운 삶을 살게 된 것이니까요!

여러분이 며칠 동안만 반려견을 잘못 길러 왔다면, 며칠만 수고하면 될 일이지만, 오랫동안 양육의 문제가 있었다면, 며칠이 아닌, 몇 달을 투자할 각오가 필요합니다. 하루아침에 도깨비방망이에 의해 만들어진 행동문제는 없으며, 그것을 하루아침에 고쳐 낼 마술봉도 존재하지 않습니다. 그러니 반려견의 행동문제의 원인을 정확히 파악하여 여러분이 할 수 있는 여건에서의 시간적 투자와 가르쳐 가야 할 것들에 대한 세분화되고 장기적인 계획을 세워야 합니다.

모든 문제는 하나로 연결되어 있음을 깨달아라

"우리 강아지는 물지만 않으면 아무런 문제가 없는데, 무는 문제만 고칠 수 있을까요?"라고 물어 오는 반려인들이 많습니다. 이 질문은 개들의 행동문제 매커니즘을 이해하지 못한 질문입니다. 무는 문제를 고치려면 물게 되기까지의 전단계 주도행동들을 모두 상실시켜 내야 합니다.

짖음의 발달단계를 예로 들자면, 가족을 상대로 하는 요구성 짖음-집을 지키기 위한 짖음-엘리베이터 등 밀폐된 공간에서 외부인에 대한 짖음-산책 시 행인과 개와 다른 동물에 대한 짖음-자동차 안에서 외부 존재에 대한 짖음-분리불안성 짖음 순으로 발달하는 것이 일반적입니다. 드물게 순서가 뒤바뀌어 나타날 수는 있지만, 대부분의 반려견들은 이런 순서로 짖음을 발전시켜 나갑니다.

가족에게 음식을 달라 짖고, 아침 일찍 일어나라 짖고, 닫힌 방문을 열어라 짖고, 울타리나 켄넬박스에서 꺼내라 짖고, 가족이 귀가할 때 빨리 인사하라 짖고, 침대에 올려 달라 짖고, 가만히 있으면 가만히 있다고 짖는 행동들이 '요구성 짖음'입니다. 요구성 짖음은 반려견이 양육자에게 하는 부탁이 아닙니다. 양육자에게 자기 의사에 따르라 요구하는 '지시' 행동입니다. 요구성 짖음은 입양 후 얼마 지나지 않은 시점부터 나타날 수 있는데, 그때부터 강아지에게 주도권을 빼앗기고 있기 때문입니다.

사춘기가 되면 거의 대부분의 개들이 현관 밖의 소리나 손님의 방문에 방어적 짖음을 짖게 되는데, 가족보다 현관 앞에 먼저 달려가 확인을 하거나 짖고 있다면 반려가족이 방어를 주도하는 것인가요? 반려견이 주도하는 것인가요? 방어의 최선두에서 짖음과 공격과 도주라는 방어행동을 가장 먼저 시도하는 것은 최상위의 개입니다. '최상위'는 부모와 자식으로 이루어진 무리의 부모를 의미하고, 큰 집단에서 주도성이 가장 높은 최강자를 의미합니다.

여러분보다 더 빨리 방어의 전면에 나서 있다면, 덩치의 크고 작음이나 나이의 많고 적음에 상관없이 반려견이 방어를 주도하고 있는 것입니다. 반려견들이 아무 생각 없이 집을 지키기 위해 뛰쳐나가는 게 아니라, 자신의 역할을 수행하고 있는 것이고, 반려견의 나서기 행동 이면에는 반려가족은 그럴 권한도 힘도 없는 존재라는 인식이 있습니다.

여러분이 반려견을 데리고 집을 나섰을 때 옆집 사람이 문을 열고 나오거나, 엘리베이터에 누군가 타고 있거나, 길에서 다가오는 사람이 말을 건다 해서 소리치고 싸운 적이 있습니까? 여러분은 그런 행동을 한 적이 한 번도 없음에도 반려견은 그렇게 하고 있다면, 집 밖의 영역에서 침입자들을 쫓아내는 책임자 역할을 반려견이 하고 있는 겁니다. 무서워서 짖거나 위협에 반응하는 것이 아니라, 세력권을 보호하기 위한 주도적 행위를 하고 있는 것입니다.

처음 가는 애견카페나 애견유치원에서 다른 개를 공격했다면 그 곁에는 반려가족이 있었을 겁니다. 반려견들이 다른 개를 공격하는 경우는 자신의 세력권 안에 다른 개가 들어오거나, 무리를 이룬 채 다른 개와 맞닥뜨릴 때입니다. 제아무리 많은 개들이 모여 있더라도 자신의 무리 구성원과 함께 있을 때에는 과감하게 접근을 차단해야 할 책임자로서의 역할이 있기 때문입니다. 여러분이 아닌, 반려견에게 그 책임이 주어져 있습니다. 이런 상황에서의 공격은 무리 대 무리의 투쟁이고 그 선두에서 주도적으로 싸움을 시작한 것은 반려견입니다.

집에 혼자 남겨진 반려견이 온종일 짖어 대는 분리불안 문제는 애처로워할 일이 아니라, 화를 내야 할 일입니다. 반려견이 가족의 이탈에 노발대발하며 화를 내고 있는 행동이기 때문입니다. 반려견이 원하는 것은 모

　　　　　무엇이 개를 힘들게 하는가!

든 구성원이 은신처를 이탈할 때에는 주도자가 이끌어야 한다는 것과 무리 구성원은 완전히 분산되지 않아야 한다는 것입니다. 왜냐하면, 반려견이 주도적으로 산책한 결과 집 밖에는 너무 많은 개들이 득실거리는 위험한 상태임을 알았기 때문입니다.

탐색의 권한과 방어 선제권이 반려견에게 주어져 있는 상황에서 대장을 혼자 남겨 두고 구성원이 전부 이탈한다는 건 어처구니없는 일입니다. 무리의 탐색활동인 가족과의 산책을 단 한 번도 나간 적 없는 개에게 '고립불안'은 있어도 '분리불안'은 없습니다. 이렇듯 반려인들이 볼 때 어린아이가 엄마를 따라가고 싶어 칭얼대는 행동으로 여겨지는 분리불안마저도 반려견의 탐색과 이탈에 관계된 주도행위입니다.

어떤 사람들은 반려견이 가족을 무는 행동을 단순한 스트레스반응이라 말합니다. 하기 싫은 걸 억지스럽게 하려 했기 때문에 가족을 공격한 것이라 말합니다. 여러분은 가족이 닦기 싫은 발을 닦아 준다고 폭행하는가요? 언니와 둘이 침대에서 놀고 있는데, 엄마가 다가와 토닥거리면 화내고 위협하는가요? 소파에서 꿀잠을 자고 있는데 아빠가 방으로 옮겨 주려 안아 올렸다 해서 아빠를 폭행하는가요? 아량이 지나치면 상대를 조롱하는 것입니다. 누군가가 자신의 반려견이 온 가족을 폭행함에도 단순히 스트레스 받아 그런 거니 조심하는 게 좋겠다고 생각한다면 아량이 지나친 것이고, 그 마음속에는 개는 아무것도 모르는 하등한 존재이니, 우월한 존재인 인간이 참고 다독거려야 한다는 조롱이 숨어 있습니다.

개가 낯선 사람을 공격하는 것은 방어행동이지만, 가족을 공격하는 것은 '접촉 주도행위'입니다. 반려견 행동이론에서는 '접촉주도권'이 매우 중요하게 다루어지는데, 반려가족은 반려견을 함부로 만지면 안 되고, 반려견은 언제든 가족을 접촉하고 올라탈 수 있다는 자기주도적 생각이 바로 '접촉주도권'으로 규정됩니다. 반려견은 가족의 몸을 점유해도 되지만, 가족은 반려견의 몸에 올라타면 안 되는 것, 반려견은 가족의 머리카락을 끌어당겨도 되지만, 가족은 반려견의 털을 당기면 안 되는 것, 반려견은 잠자는 가족을 밟거나 건드려 깨워도 되지만, 가족은 잠자는 반려견을 건드려 깨우면 안 되는 것 등이 '접촉주도권한'을 반려견이 행사하는 것입니다.

하나에서 열까지 반려견의 문제행동은 '주도성'에 의해 드러나는 것이고, '주도성'은 개를 기르는 사람들이 생각지도 못한 상황과 행동들에서 부추겨진다는 것이 개를 보살피는 사람들의 마음을 아프게 만듭니다. 그렇더라도 반드시 알아야 할 것은 모든 문제행동은 사소한 하나로 시작해 걷잡을 수 없는 지경으로 치닫는 연쇄작용이라는 점입니다. 여러분에게 요구하는 짖음을 막지 못하면 가족의 집을 자기영역으로 여겨 손님의 출입을 제한하기 위해 짖게 되고, 그 짖

무엇이 개를 힘들게 하는가!

음을 막지 못하면 엘리베이터에서 만나는 이웃에 대한 짖음을 막지 못하게 됩니다.

모든 문제는 '사람이 개를 주도하냐, 개가 사람을 주도하냐'에 달려 있습니다. 그러므로 모든 행동문제는 하나의 맥인 '주도성'으로 연결된 것입니다. 여러분이 반려견의 문제행동을 고쳐 내기 위해 해야 할 또 하나는 입양 때부터 현재까지 나타난 모든 주도행동들을 순서대로 파악해 정리하는 일입니다.

개는 당신이 변해 주길 기다리고 있다

개가 인간을 주도하기 시작하면 점점 더 많은 상황들에서 통제를 가하게 되지만, 인간이 개를 주도할 수 있다면, 개는 인간을 통제하지 않고 맞춰 주려 합니다. 개의 잘못된 판단이 그들의 본성에서 온 것일지라도, 그 본성을 역이용해 인간과 수평관계로 살아가도록 만들어 줄 능력이 여러분 모두에게 있습니다.

개에게만 변화해라 부탁하고 윽박지르는 게 아니라, 개를 기르는 양육자 스스로 자신의 생각과 행동이 개에게 끼친 영향을 미안해하고 자신의 생각과 행동을 되돌아봐야 합니다. 개를 바꾸겠다는 생각은 버리고 여러분 스스로를 바꾸겠다는 진지한 시도가 필요합니다.

여러분이 바뀌는 걸 어색해하거나 겁내지 마세요! 어차피 여러분 반려견의 행동문제는 여러분 외에는 고쳐 내지 못합니다. '결자해지'는 개들의 행동문제를 다루는 데 가장 잘 맞는 표현이며, 거기에서 '결자'는 양육자를 의미합니다. 훈육을 불필요한 것으로 여기고 어미개와 배치되는 양육을 함으로써 무너트린 반려견의 삶을 바꿔 낼 책임이 양육자에게 있습니다. 양육자가 여태껏 반려견에게 해 오던 행동 하나하나를 반대로 되돌리면서 다시 세상을 가르쳐 줘야 합니다. 왜 그래야 하냐고요? 여러분이 생각하는 것보다 개들의 삶이 너무나 고단합니다.

꼬리를 흔들어 대며 매달리는 천진난만한 모습이 즐겁고 행복한 것이라 착각하면 안 됩니다. 생후 8개월이 넘은 개가 그런 행동을 멈추지 않고 있다면, '비정상'입니다. 모든 동물은 연령이 높아짐에 따라 행동도 변화됩니다. 어린 강아지의 행동이 어른 개의 행동으로 변하는 것이 정상임에도 여러분 반려견이 어린 강아지의 행동에서 탈피하지 못하고 있다면, 정상적인 어른으로 변모하지 못하고 있는 것이므로 정신과 정서가 불안정한 상태로 살게 됩니다.

꼬리를 흔들어 대라고 부추긴 건 누구인가요? 집 안에서 까불어 대고 신나게 달리라고 가르친 건 누구인가요? 차분하게 쉬지 말고 따라다니라고 불러 댄 건 누구인가요? 바로 여러분 아닌가요? 맞다면 여러분은 개의 정신을 혼란스럽게 만들고 정서적으로 불안정하도록 만든 장본인입니다. 그 혼란과 불안정의 표현이 '짖음'과 '분리불안'과 '공격성'과 '강박행동'입니다. 그렇기 때문에 여러분이 불안정을 부추겨 왔던 행동들을 하루하루

무엇이 개를 힘들게 하는가!

줄여 가야 합니다.

　사람은 '개'를 기르는 것이지, '아기'를 기르는 것이 아닙니다. '어린 개'는 '아기'가 아니라, '강아지'이고 다 자란 개는 '아이'가 아니라, '개'입니다. 여러분의 반려견이 고통스러운 행동문제에서 벗어날 때까지만이라도 이 말을 기억하세요! 반려견을 끝도 없이 '아기', '아이'로 여기는 사람에게서 행동의 변화는 일어나지 못합니다. 그러니 문제행동이 완화될 때까지만이라도 문제의 근원으로 작용해 온 그런 마음과 표현을 멈춰 주기를 부탁드립니다.

　모든 문제행동의 Key는 양육자면서 반려인인 여러분에게 있습니다. 어느 누구도 여러분 반려견을 문제없는 상태로 되돌려 내지 못합니다. 반려견은 여러분과 살아가야 하기 때문에 외부인에 의한 교육이나 시도는 의미가 없습니다. 여러분 반려견에게 서로를 힘들게 하는 행동문제가 있다면, 마음 깊숙이 숨겨 놓은 Key를 꺼내세요! Key가 낡아 잘 맞지 않아도 괜찮습니다. 잘 닦고 기름 치면 맨 처음의 새것처럼 딱 맞을 것입니다.

　행복의 Key는 여러분에게만 있고 반려견에게는 없습니다. 반려견은 힘든 삶을 살고 있으면서도 자신의 문제를 바꿔 내야 할 이유도 목적도 알지 못합니다. 그래서 더 바보 같고 저의 마음을 아프게 합니다. 반려견의 삶은 여러분이 도화지에 그려 가는 그림입니다. 이미 잘못 그려 놓았다고 걱정하지 마세요! 잘못 그린 그림은 중단하고 새 도화지에 곱게 그려 나가면 됩니다.

반려견이 가만히 앉아 있거나 엎드려 있을 때 아무런 말도 행동도 표정도 없이 그 눈을 가만히 바라보세요! 까불어 대고 뛰어다닐 때에는 몰랐던 슬픔이 눈망울 안에 있습니다. "지금 많이 힘들어요…!" 그 마음을 들키지 않기 위해 즐거운 척, 재미있는 척, 행복한 척하고 있었지만, 모든 걸 멈춰 놓으면 눈망울 안에는 숨겨 온 사실이 드러납니다. 무엇인가 잘못되었음을 알고 있으면서도 스스로는 아무것도 해결하지 못하는 안타까운 존재가 지금 여러분 무릎 위에, 여러분의 품에 있습니다.

이 책의 주된 내용들은 개의 행동을 바꾸는 게 아닌, 양육자의 행동을 바꾸어야 하는 이유와 목적을 되풀이하고 있습니다. 여러분이 어린 존재의 모습으로 반려견을 대하지 말아야 하고, 반려견을 어린 존재로 여기지 말아야 하며, 어미가 하려 했던 훈육을 지금이라도 시작해야 함을 강조하고 있습니다. 다른 걸 차치하고 여러분이 강아지를 대하는 태도만 느긋한 어른처럼 바꿔도 생각보다 길지 않은 시일 내에 반려견의 눈빛이 편안해지고, 경직된 몸이 자주 이완되는 걸 경험하게 될 것입니다.

지금은 느낄 수 없지만, 여러분이 단 몇 개월만 반려견을 대하는 행동과 태도를 바꿔 주면 그제야 여러분이 그토록 사랑하는, 눈에 넣어도 아프지 않을 존재가 세상을 편안하게 살고 있는 모습을 보게 될 것이고, 변화해 준 여러분에게 편안한 눈빛과 느린 몸짓으로 감사를 전할 겁니다.

무엇이 개를 힘들게 하는가!

'사람은 고쳐 쓰는 게 아니다!'라는 말이 있습니다. 하지만, 개는 '고쳐 살아갈 수 있는 동물입니다!' 저는 여러분에게 고쳐 쓸 수 없는 사람을 위해 무엇인가를 하라 당부하는 것이 아니라, 고쳐 쓸 수 있는 존재인 개를 위해 여러분의 생각과 행동을 일정 기간 바꿔 달라 부탁하고 있습니다. 사람의 경우 태생적으로나 성장환경에서 가지게 되는 기질과 성격이 좀처럼 바뀌지 않는다고 하지만, 반려견의 경우 야생에서 성장한 개가 아니라면, 사람의 태도에 따라 얼마든 변화됩니다. 그러므로, 여러분이 고쳐 쓸 수 없는 사람에 해당된다면 낭패입니다.

여러분이 먼저 어른스러운 존재, 반려견에게 의존하지 않는 존재로 바뀌고 있음을 느끼게 하고 행동을 실천하면 반려견들도 여러분의 변화에 동참해 줄 겁니다. 사람은 고쳐 쓸 수 없다지만, 반려견에 대한 여러분의 사랑을 진심이라 믿기 때문에 여러분 스스로를 고쳐 낼 것이라 믿습니다.

인간을 버리고 동물 대 동물로 접근하라

수많은 책과 TV프로그램과 인터넷에서 개를 소재로 한 이야기와 정보들이 넘쳐 나지만, 개의 관점에서 풀어 가는 것을 보기 어렵습니다. 개들이 인간과 살아가면서 느끼고 경험하는 것들에 대한 동물 관점에서의 접근은 기대조차 하기 어렵습니다. 어쩌면 다루지 않는 게 아니라, 다루지 못하는 상태일지도 모르겠습니다.

반려동물과 함께하는 즐거움이나 개가 인간에게 일으키는 정서적 만족감은 인간이 느끼는 것이지 개도 똑같이 느끼는 건 아닐 겁니다. 사람의 입장에서는 개가 마치 인간을 위해 탄생한 동물인 것처럼 서로를 정서적으로 일치시키려 하지만, 합의될 수 없는 인간의 일방적인 욕심은 아닐까요?

사람들이 개와 정서적으로 통한다 여기는 것은 개가 사람과 눈을 자주 마주치고, 전하는 말에 쳐다보거나 다가오기도 하며, 꼬리를 흔들어 반응하기 때문입니다. 동물은 기본적으로 소리와 행동으로 의사전달을 시도하는데, '소리신호'와 '몸짓신호'로 불리는 소통법이 개들에게도 가장 일반적인 의사전달의 수단입니다. 반려견은 사람과 '동물 대 동물'로 소통하고 있었기 때문에 우리의 '소리신호'와 '몸짓신호'에 반응해 온 것이지, 사람 대 사람으로 소통해 온 것은 아닙니다.

하지만, 사람들은 자신이 전달하는 매우 복잡한 소리신호인 언어에 익숙한 관계로 개에게 전하는 각각의 말들이 단어 그대로의 의미로 개에게 전달될 것으로 기대합니다. 전부는 아니더라도, 개가 반응하는 말들에 관해서는 대체로 그렇게 여깁니다. 내 말을 알아듣고 있다고 믿게 되면 개와 인간의 정서적 동일성을 기대하거나 사실화하고 싶어집니다. 그렇게 되면 인간 관점을 바탕으로 개에 대해 믿고 싶은 대로 추측하고 개에 대한 자기 생각을 일반화하며 '개는 이런 동물이다'라고 정의하게 됩니다.

이것이 책과 TV프로그램과 인터넷에서 만나게 되는, 인간 관점에서 개를 의인화한 글과 영상과 정보가 탄생한 배경입니다. 자연에 속한 객체 동물 중 하나로서의 인간이 아닌, 자연의 질서를 만드는 주체로서의 인간 감정과 생각이 작용하는 판단 실수입니다.

만약 인간이 추측하고 정의한 것이 개들의 입장이나 생각과 전혀 다르다면 지금껏 축적되어 온 인간이 개를 바라보는 시각과 관념은 문제없는 것일까요? 건네는 말에 꼬리를 흔들고 고개를 갸웃거리는 반응을 근거로 인간과 개의 의식과 정서를 동일화한다면 개는 인간과 같은 감정과 생각과 신호체계로 살아가는 동물이 됩니다. 그렇다면 개는 또 하나의 인간입니다.

하지만, 인간이 생각하고 추측하고 정의한 관념이 개의 입장과 생각과는 전혀 다른 착오였다면 개와 반려한 게 아니라, 개를 사육해 온 것이 됩니다. '사육'은 동물 본연의 생각과 감정을 중요히 여기지 않고 사람이 만들어 놓은 틀 안에서 살아가도록 하는 것이고, '반려'는 동물의 생각과 감정을 이해하고 그것을 기반으로 공유해 나가는 것입니다.

사람이 사람을 살피는 것과 사람이 개를 살피는 기준이 같다면, 사람을 살펴본 것이지 개를 살펴본 것은 아닙니다. 순수하고 객관적인 입장에서 개와 인간의 삶과 정서를 재조명하는 일은 두려운 일입니다. 반려생활을 통해 우리만 행복해 왔고, 우리만 즐거웠으며, 우리만 위안받은 것이라면 개들은 우리의 뇌를 달래 주는 존재로 사육된 것이기 때문입니다.

만약, 우리가 개를 바라보는 관점을 전환해 '사람과 살아가는 개는 행복하다'가 아닌, '사람과 살아가는 개는 불행하다'는 기준을 세우는 건 하면 안 되는 생각인가요? 그렇게 하면 반려인들의 입장이 곤란해지거나 기분이 상하게 되는 것인가요? 그래서 책과 TV프로그램과 인터넷 정보들에서 개를 바라보는 관점의 다양성조차 제시하지 못하는 것인가요?

인간과 살아가는 개가 불행하다 간주한다면 개와 관련되어 있는 우리의 일상과 음식, 용품, 미용, 훈련, 취미, 의료 등 무수한 산업이 일대 변혁을 겪게 될지도 모릅니다. 모든 것이 동물의 입장에서 행해진 것이 아니라, 인간 마음대로 가해 온 오류투성이들이 되기 때문입니다.

　우리 모두는 '옳고 그름'의 판단능력이 없던 어린 시기에 사회가 먼저 만들어 놓은 관념과 가치관을 여과 없이 받아들여 놓고 그대로 유지하고 있지 않습니까? 사회적 관념과 가치관이 바뀌지 않으면 개인의 관념과 가치관도 그 안에 속박되어 우리스스로 틀을 깨고 나오기 어렵지는 않겠습니까? 어쩌면 우리 모두는 사회가 미리 만들어 놓은 개에 대한 관념과 시각을 마치 우리 모두의 동일한 입장인 것으로 받아들여 놓고 그것을 버리지 않기 위해 스스로 봉인해 놓았을지 모릅니다. 우리 스스로의 경험으로 개를 인식하기 이전에 '사회적 관념'이라는 거부할 수 없는 힘에 의해 수용당해 왔기 때문에 그 집단 관념에서 따로 떨어져 나오기 힘든 건 아닐까요?

　그런 이유 때문인지 개에 대한 새로운 시각과 논제를 꺼내는 일은 환영
받기보다 무시받고 비난받는 일이 많습니다. 지금까지 잘 살아가고 있는
데, 왜 긁어 부스럼을 만드냐는 다수에 의해 무시되는 '소수의견'이 됩니
다. 개들은 불행한데 기르는 사람만 "아기야, 네가 있어 너무 행복해, 사랑
해, 오래오래 함께 살자!"라고 말하고 있다면 너무 슬픈 일 아닌가요?

　사회가 우리의 뇌리 속에 각인시켜 놓은 관념을 끄집어내고 다시 생각
해 봐야 합니다. 그 고정관념은 '동물 대 동물'이 아닌, 인간의 관점에서 일
방적으로 정해진 것일 가능성이 높기 때문입니다.

　'인간과 살아가는 개는 행복하다'가 아닌 '인간과 살아가는 개는 불행하
다'로 기준을 바꾸면 불행을 개선하기 위해 새롭게 해야 할 일들이 많을
겁니다. 불행의 원인이 되었을 만지고 장난치고 어린아이 대하는 듯한 행
동을 포함해 자기 즐거움을 위해 시도했던 많은 행동들을 확연히 줄여야
할지도 모릅니다.

　다만, 한 가지 명확한 것은 반려견이 불행한 상태에서 반려인만 행복하
다면 뭔가 크게 잘못되어 온 것이고, 개가 행복한 삶에 더 가까워질수록
우리 모두는 왜곡되지 않은 진짜 힐링을 누리게 될 거란 겁니다. 그러니
개를 기르는 방식을 바꾸고 개에 대한 고정관념에서 탈피하는 걸 주저하
거나 두려워하지 마세요!

　　　　　　　　　　　　　　　　　무엇이 개를 힘들게 하는가!

저는 반려견을 근심, 걱정 없이 살아가도록 양육해 낸 사람들의 양육법과 그들이 가지고 있는 개에 대한 관념을 잘 알고 있으며, 그러한 시도로 인해 여러분과 반려견의 관계가 비틀어지기보다 돈독해진다는 것도 확신하고 있습니다. '고정관념'을 바꾸면 반려견들이 왜 그토록 힘들게 짖고 물고 싸우며 살아가는지를 개들의 입장에서 알게 됩니다.

여러분이 개의 생각을 읽을 수 있는 가장 완벽한 방법은 여러분이 개의 입장이 되어 그들의 행동을 흉내 내며 살아 보는 것입니다. 그 방법은 **'Chapter 7'**의 **'예뻐하면 문제견이 되는 딜레마, 4대 접촉을 줄여라'**와 **'Chapter 8. 모든 문제의 근원 '주도권''**에서 다루고 있습니다.

문제는 집에서 시작되고 밖에서 강화된다

반려견의 행동문제는 '집 안에서의 문제행동'과 '집 밖에서의 문제행동'으로 나뉩니다. 문제행동은 무리 구성원인 반려가족과 반려견 사이 주도성의 평형이 맞지 않아 만들어지는 것으로, 모든 문제행동은 개와 가족 간의 문제로 시작됩니다. '낑낑'거리거나 짖는 행동을 통해 가족을 불러내고, 잠자고 있는 가족의 옷이나 머리카락을 물어 당겨 불편을 일으키고, 먹을 것이나 장난감을 가지고 있을 때 달라고 조르는 행동은 이미 반려견과 양육자 사이 주고받음의 수평이 깨졌음을 의미합니다.

언뜻 생각하면 강아지의 의사표현 방식이라 여겨지지만, 다른 개의 일방적인 요구를 들어주는 개는 야생과 인간 사회를 통틀어 존재하지 않습니다. 가족 구성원 누구를 상대로도 요구하고 불편하게 할 수 있다면, 강아지는 가족에게 무례한 존재가 되고, 결국 주도적인 입장이 되어 집을 지키거나 가족의 행위를 통제하는 대장으로 성장하게 됩니다.

집 안에서 일어나는 문제행동들을 보면, 어린 강아지가 가족을 끊임없이 따라다니면서 깨물거리는 경우가 많고, 맛있는 음식이나 좋아하는 물건을 지키기 위해 으르렁거리거나 덤벼드는 행동도 잘 나타나며, 사춘기가 되면서 집 밖의 기척이나 손님의 방문, 초인종 소리에 짖는 일이 잦아

무엇이 개를 힘들게 하는가!

지고 일부의 반려견들은 가족이 집에 돌아올 때의 차량 입차 알림소리나 현관 도어락 누르는 소리에도 시끄럽게 짖어 댑니다.

이 행동들 중 여러분이 원했던 것들이 있는가요? 아마 하지 말아 달라고 수차례 부탁했으면 했지, 그렇게 하라고 원했던 적은 한 번도 없었을 겁니다. 집 안에서의 문제들은 가족을 존중하지 않고 만만하게 여기는 데서 오는 문제이고, 반려견의 무례한 행동을 제어하기보다 지나치게 허용해 온 양육방식의 부작용입니다.

집 안에서의 문제행동들은 반려견과 가족 구성원 하나하나의 개별적인 주고받음에서 만들어집니다. 예를 들어, 가족 중 한 사람에게 요구성 짖음을 사용하거나 함부로 매달리고 위협하는 행동을 하고 있다면 반려견과 그 사람 1:1의 관계에서 반려견이 주도하고 있는 것이고, 가족 전체를 상대로 동일한 행동을 가할 수 있다면, 1:1의 관계에서 모두 똑같이 주도 당해 왔음을 의미합니다.

집은 '은신처'입니다. 은신처 내에서의 주도권 확보는 가족 구성원 간 일어나는 문제이지, 외부 세력을 상대하는 것은 아니기 때문에 가정 내에서의 독점욕, 점유욕, 통제권 등을 행사하는 것이고, 집을 떠난 외부 영역에서는 다른 무리들과의 '서바이벌(survival)'이 시작되는 것입니다.

그렇다면 다른 무리가 득실거리는 산책로나 공원, 애견카페에서 가족들을 대표해 다른 개들과 경쟁하고 투쟁의 맨 앞에 나서야 할 존재는 누구인가요? 집 안에서 가족 전체를 주도해 온 반려견입니다. 집 안에서 대표성을 가진 존재가 무리의 대표로써 당당히 위험에 맞서는 건 당연한 책무이자 무리 구성원들에게 보여 줘야 할 자존심입니다.

사춘기 이전에는 나타나지 않던 외부 공간에서의 배타성이 강하게 표출되면서 다른 개의 마킹에 집착하게 되고, 눈앞에 나타난 개를 향해 흥분된 상태로 접근을 시도하며, 짖음이나 공격을 통해 그곳에 발붙이지 못하게 만들고 싶어 합니다. 흔히 말하는 산책 문제가 시작된 것입니다.

집 안에서의 주도행위는 가족 하나하나를 상대로 하는 구성원간의 일이지만, 외부 영역에서의 주도행위는 정체도 알 수 없는 수많은 적의 무리를 상대하는 급이 다른 일입니다. 이런 일이 매일 또는 자주 되풀이되면 개들의 정신은 집 밖을 나갈 때마다 불안정하게 되고 낯선 개들을 의식할수록 산책 줄만 보면 도망가거나 길에서 걷지 않으려 버티는 행동이 나타납니다. 어떤 개들은 다른 개의 추격을 피하기 위해 앞만 보고 질주하기도 하고, 바깥에서는 배설을 하지 않는 모습도 보이게 됩니다.

집만 나서면 수많은 개의 무리들을 상대해야 하는 불쌍한 대장은 경쟁자들의 흔적을 확인함으로써 안전을 확보하려 애쓰는데, 바로 다른 개의 마킹에 집착하는 행동입니다. 사춘기 말미가 되면 적들로부터 무리를 지킬 낼 최선의 전략은 모든 개들을 위협해 그곳에서 쫓아내는 것이라 여기게 되는데 이런 생각에 의해 '산책 짖음'이 만들어집니다.

무엇이 개를 힘들게 하는가!

가족의 안전을 책임지는 대표 자격으로 산책을 나가거나 개들이 모여 있는 공간에 머무르는 일은 심각한 긴장과 불안을 초래하고, 자신이 앞장서지 못하는 상태에서 가족 모두가 적들이 득실거리는 영역으로 나가는 걸 혼란스러워하여 '분리불안'이 만들어집니다.

매일 산책 나가는 개가 이런 생각과 책임에 빠져 있다면 산책은 개를 위해 좋은 것이 하나도 없습니다. 하루 세 번 산책나간다면 매일 세 차례 개를 힘들게 하는 것입니다. 집 밖에서의 긴장과 불안이 높아질수록 집을 지키기 위한 방어와 가족들을 통솔하기 위한 관리가 강화됩니다. 이에 더해 그간 나타나지 않던 집 안 물어뜯기, 신체 훼손, 한자리에서 뱅글뱅글 도는 '서클링' 등의 강박행동이 나타나기도 합니다.

산책이 중요하다는 말은 많이들 합니다. 하지만, 산책이 왜 중요한지를 모르고 산책하는 반려인들이 너무 많습니다. 반려견이 외부 세력을 상대로 경쟁과 투쟁을 담당해야 한다면 괴로운 삶을 사는 것입니다. 반면, 여러분이 책임자의 역할을 명확히 수행할 수 있다면 반려견은 경쟁과 투쟁이라는 심리적 부담에서 벗어나 편안하게 지낼 수 있게 됩니다.

집 안에서의 작은 문제 하나가 씨앗이 되어 집 밖에서의 거대한 소용돌이에 휩싸이게 됨을 기억하세요! 산책로나 애견카페, 애견유치원, 애견운동장에서 나타나는 모든 문제행동은 집 안에서 준비됨을 잊지 마세요! 그러므로, 집 안에서부터 반려견이 책임을 벗어던지도록 가족 모두가 당당하고 힘 있는 존재들로 탈바꿈하세요! 이 모든 문제는 여러분이 나약하게 여겨진 탓입니다. 산책에서 도움이 될 해결책은 'Chapter 8'의 **'탐색(산책)을 주도하라(탐색주도권)'**와 'Chapter 9'의 **'개로서의 탐색과 먹이활동을 보장하라', '집 외부를 영역화시키지 마라', '다른 무리와의 불필요한 접촉을 피하라'**에 소개되어 있습니다.

예뻐하면 문제견이 되는 딜레마, 4대 접촉을 줄여라

반려견 행동문제의 원인을 이야기할 때 대부분의 사람들은 '너무 예뻐해서'라고 말합니다. 반려인들 스스로 문제의 근원을 잘 알고 있다는 말인데요, 그런데도 불구하고 "예뻐하지 않을 수 있습니까?"라고 물으면 "힘들 것 같은데요!"라고 대답합니다.

지나치게 예뻐함으로써 생긴 행동문제들을 고치겠다는 사람들이 예뻐함을 유지하면서 무언가를 시도한다는 건 '난센스(nonsense)' 아닌가요? 문제를 해결해야 하는 이유는 단순히 개를 가르치고자 함이 아닌, 개를 편하게 만들어 주려는 시도임에도 당장 눈앞의 애처로움을 참지 못해 스트레스가 전혀 없는 교육법을 원한다면 그 사람에게는 이미 희망이 없습

무엇이 개를 힘들게 하는가!

니다. 스트레스 없는 변화와 성장은 우주공간 어디에도 없습니다.

어떤 사람들은 반려견의 행동을 고치기 위해 시도되는 단호한 무시나 제어가 서로의 신뢰를 깨트려 더 예민한 개로 만들지 않을까 염려하기도 합니다. 생각해 보세요! 예민하고 거칠게 반응하는 반려견의 심기를 건드리지 않으려 조심해 왔기 때문에 그냥저냥 지내고 있는 것이지 양육자의 일방적인 맞춰 주기 없이 신뢰관계가 형성되었다 말할 수 있습니까?

반려견이 양육자의 의사를 존중한다면 양육자가 원하는 것을 수용해야 하지만, 간식이나 장난감을 들고 부추길 때와 여러분이 먼저 기분 좋게 해 줄 때를 제외하고 무엇을 수용하고 무엇을 존중해 주던가요? 양육자는 생활 속에서 개의 요구를 100% 수용하고 반려견은 10%도 수용하지 않는다면 그 안에 신뢰가 존재하는 걸까요?

다행스럽게도 과거 개를 하등동물로 짐승 취급하고 노동력을 착취하던 문화에서는 벗어나고 있지만, 무의식적 '의인화'는 반려견과 인간의 삶을 융화되지 못하도록 가로막는 장벽으로 다가와 있습니다.

'반려견 행동이론'에서는 반려가족과 반려견 사이의 네 가지 큰 접촉행위 '4대 접촉'에 의해 가족이 어른스럽게 여겨지지 않음을 강조하고 있는데, 그 네 가지의 행위는 반려인이 반려견을 예뻐할 때 나타내는 행위로 '4대 접촉'은 곧 '예뻐하는 행위'입니다. 이 네 가지를 동원하지 않고는 사람이 개를 예뻐함을 표현할 방법이 없습니다.

그 첫 번째 접촉행위는 '의식적인 눈 맞추기'입니다. '의식적인 눈 맞추기'란, 다 자란 개들 사이에서는 보기 어려운 지속적인 'eye contact'을 말하는데, 자주 눈을 맞추려는 가족은 어린 존재 또는 의식하고 있는 존재로 여기진다는 것입니다. 사람의 경우 눈을 마주 보고 대화하고 소통하는 특성을 가지고 있는 반면, 개들의 경우 눈을 맞추기보다 상대의 행위에 시선이 맞춰지는 특성을 가지고 있습니다. 이 차이를 모른 채 잦은 눈 맞춤을 시도하면 반려견의 입장에서 볼 때 자신을 의식하고 있는 존재로 여기게 되는 문제가 발생합니다.

개들 사이에서 상대의 시선을 의식하는 존재는 어리거나 심리적으로 위축된 상태의 개입니다. 성체들 중 자신만만하고 다른 구성원을 의식할 만한 견제심이 없는 경우 시선을 마주치지 않는 게 일반적인데, 혹여 시선을 마주치더라도 태연하게 회피하는 모습을 보입니다. 사람들은 반려견이 먼저 눈 맞추기를 시도하는 것은 왜 그럴까 의아해하지만, 반려견이 가족의 눈을 주시하는 이유는 여태껏 가족이 해 온 '눈을 보면 좋은 일이 생긴다'라는 공식에 의한 반사행동입니다.

반려견을 애견카페나 강아지운동장에 데리고 갔을 때 가만히 관찰해 보면 개들끼리 시선을 마주하지 않음을 금세 알 수 있으며, 반려견을 움켜잡고 화를 내며 눈싸움을 시도했을 때 먼저 시선을 피하는 이유도 상대를 자극하지 않기 위한 습성을 보여주는 것이지, '항복'을 의미하지는 않습니다.

무엇이 개를 힘들게 하는가!

둘째, '대화 나누기'입니다. 개들은 아주 단순한 소리신호 몇 가지를 가지고 꼭 필요할 때만 감정 상태를 전달할 뿐 사람이 강아지에게 대화를 하듯이 음성신호를 연발하지 않습니다. 개들의 소리신호 5가지에 대해 'Chapter 2'의 '사람이 개와 나누는 대화는 인간의 언어로 전달되지 않는다'에서 설명한 바 있습니다. 개에게 전달되는 가늘고 굴곡이 심한 억양의 말들은 '낑낑'이라는 개들의 신호로 전달되어 말하는 사람에게서 어린 강아지의 자극을 받게 되어 문제가 됩니다.

셋째, '빠르게 만지기'입니다. 개들은 사람의 손처럼 상대를 만질 수 있는 기능이 없는 관계로 사람이 쓰다듬는 행위를 그들 사이에서의 '핥기'로 인식하게 되는데, 빠르게 만지면 빠르게 핥는 것이고 느리게 만지면 느리게 핥는 행동으로 전달됩니다. 어른 개들은 강한 개가 위압적으로 여겨지지 않고서는 상대를 빠르게 핥지 않습니다. 위압적인 개를 상대로 귀를 뒤로 젖히고 빠르게 핥는 행동은 어린 강아지들처럼 대항할 힘이 없음을 드러내기 위한 행위입니다. 어린 강아지들에게 빠르게 핥기는 일상적인 표현입니다. 반려견을 빠르게 만진다는 건 어리거나 약한 개의 핥기로 전달될 수밖에 없습니다.

넷째, '놀아 주기'입니다. 개들 사이에서 '놀이'는 있어도 '놀아 주기'는 없습니다. 어미도 새끼와 장난을 주고받지 않고 어른 개들도 어린 강아지와 장난치지 않습니다. 다 자란 반려견이 다른 개와 장난치고 놀고 있는 듯한 모습은 유아적 사고에서 완전히 탈피하지 못한 상태로 살아가기 때문에 나타나는 행동입니다.

　사람들은 강아지와 놀아 주고 있다 생각하지만, 강아지의 입장에서는 사람이 어리기 때문에 같이 놀고 있는 것으로 간주합니다. 어떤 가정에서는 학교나 직장에서 돌아온 가족에게 심심했을 강아지와 놀아 주라 부추기지만, 그렇게 반복적으로 놀아 준 반려견들 중 심리적으로 편안하게 살아가는 개는 흔치 않습니다. 여러분이 어린 강아지처럼 놀고 있는데, 어찌 여러분을 어른스러운 존재로 생각할 수 있겠습니까?

　이 네 가지를 되풀이하면서 여러분을 어른으로 인식시켜 낼 방법은 없으며, 문제행동을 드러내고 있는 반려견을 상대로 행동교육을 시도할 때에도 '4대 접촉'을 끊거나 줄여 가지 않고서는 새로운 질서를 가르쳐 낼 수

　　　　　　　　무엇이 개를 힘들게 하는가!

없습니다. 4대 접촉 행위는 당당하고 자신 있는 어른개에서는 좀처럼 나타나지 않는 어리고 미약한 개들의 행동이기 때문입니다.

 그러므로, 훈육이 필요한 어린 강아지와 고쳐야 할 행동문제가 있는 반려견을 가르치기 위해서는 예뻐하는 행동을 멈추거나 줄일 수 있어야 합니다. 예뻐하면 할수록 의지하고 모방할 존재가 없는 상태가 되어 반려견들의 심리는 불안정해지고 정신은 제대로 성장하지 못하게 됩니다. 저 또한 어려서부터 집에서 기른 개뿐만 아니라, 길에서 만난 개들 하나하나까지 예뻐하며 살아왔지만, 이 시대를 살아가는 개들의 행동문제는 걷잡을 수 없이 심각해지고 있음을 피부로 느끼고 있습니다. 사랑한다면 막무가내로 예뻐하기보다 안정적인 범위 내에서 주고받음을 시도해야 합니다.

 '4대 접촉'을 현저히 낮은 수준까지 줄여 갔음에도 반려견의 행동에 조금의 변화도 없다면, 무관심과 무반응의 단계를 넘어 모든 관계를 단절할 수 있을 정도의 의연함이 필요합니다.

 '사랑'은 상대가 불편해하지 않는 범위 내에서 전하는 것입니다. 스트레스에 의해 온갖 불편을 겪게 만들어 놓고도 사랑한다고 우긴다면, 사랑하면 모든 잘못이 없어질 거라 여기고 있는 것입니다. 그건 '스토킹'입니다. 다른 사람을 스토킹하면서 자신은 사랑하는 것뿐이라고 말하는 범죄자나, 반려견이 힘들게 살아가고 있는 것도 모르고 열심히 사랑하면 된다 여기는 반려인들 모두 누군가를 지나치게 사랑하면서 지나치게 괴롭히는 '스토커'입니다. '스토킹'은 나만 좋고 남을 괴롭게 하는 범죄입니다.

개의 삶에 들어가지 말고 당신의 삶에 개가 들어오게 하라

개를 가르치거나 편안하게 살도록 해 주는 일은 그리 어렵거나 복잡하지 않습니다. 지나치게 어려운 이론을 늘어놓을 필요도 없는 이유는 개들이 복잡한 사고로 문제를 일으키는 게 아니라, 단순한 이유로 잘못된 판단을 하고 있기 때문입니다.

개를 위한 가장 훌륭한 생활방식은 여러분의 생활을 반려견에게 맞추기보다 반려견이 여러분의 생활에 맞추도록 하는 것입니다. 반려견에게 맞추면 맞출수록 주도성은 높아지고 온갖 심리적 충돌에 직면하게 되겠지만, 반려견이 여러분에게 맞추면 맞출수록 책임을 지지 않고 관망하는 형태로 살아가게 됩니다.

혹시 여러분은 반려견이 구축해 놓은 은신처에서 살아가고 있습니까? 혹시 여러분들 중 반려견이 구해 온 먹이로 식사를 하는 분이 있습니까? 그렇지 않다면 여러분에 의해 반려생활이 존속되고 있음이 분명합니다. 여러분의 가족이 입맛이 없어 한 끼를 굶는다면 여러분에게 큰일이 일어난 것인가요? 반려견이 입맛이 없어 한 끼를 굶어도 아무런 문제가 없음을 잘 알면서도 지나치게 걱정하거나 더 맛있는 음식을 먹이려 애쓴다면 여러분이 반려견의 삶에 맞춰지고 있다는 단편적인 증거입니다.

마음이 아리고 애처롭겠지만, 이런 행동들이 쌓이게 되면 반려생활의 수평관계는 깨지게 됩니다. 행동문제로 고생하는 가정일수록 사람의 일

무엇이 개를 힘들게 하는가!

상을 반려견에게 맞춰 가는 경향이 높고, 행동문제를 겪지 않는 가정일수록 반려견이 가족에게 맞춰 가는 경향이 높습니다.

반려견이 가족의 생활에 맞추도록 하는 건 강제로 따르게 하는 것이 아니라, 원래 가족들이 생활해 오던 틀이 입양해 온 강아지로 인해 깨지지 않도록 유지함을 의미합니다. 예를 들어, 남동생이 누나의 방에 들어갈 때 노크를 하지 않는 것이 불만이라면 동생에게 불쾌함을 표현할 것입니다. 누나가 동생이 저녁식사로 먹으려고 사다 놓은 햄버거를 말도 없이 먹었다면, 누나에게 몹시 화를 낼 것이 분명하고 어린 동생이 잠자는 형의 머리카락을 당기거나 쉬지 못하게 할 때도 형은 동생을 야단쳐 더 이상 그런 행동을 하지 않도록 가르칠 겁니다.

가족 사이에서 일어나는 무례한 행동에 대해 거부감을 표현한다면 반려견의 무례한 행동에도 거부감을 표현해야 합니다. 동생에게 소리를 질러 감정을 표현했다면, 반려견의 무례한 행동에도 소리를 질러 화내야 하고, 동생이 잘못을 저질렀을 때 1주일 동안 무반응으로 감정을 표현해 왔다면, 반려견의 잘못에도 그 정도의 감정표현이 있어야 합니다.

가족 사이에도 지켜야 할 선이 있습니다. 가족 구성원 서로는 자신의 프라이버시가 침해받는 걸 원하지 않을 것이고 침해받는 문제가 발생했을 때 다시 그러지 않기를 요구합니다. 반려견이 여러분의 가족이라면 똑같이 대해야 합니다. 반려견은 모든 잘못을 면책받는 존재라 착각하고 대하면 반려견이 여러분의 삶에 들어온 게 아니라, 여러분이 반려견의 삶을 좇으며 살아가는 것입니다.

개들은 사람들이 생각하듯 어리숙하거나 어리지 않습니다. 그러니, 반려견을 의젓한 가족 구성원으로 성장시키기 위해 가족 간의 예의를 지키도록 가르쳐야 합니다. 온전한 가족으로 만들어 가는 과정이 곧 훈육이고 훈련입니다.

여러분은 개와 산책 나갈 때 '개 산책시키러 간다'라고 생각하고 나섭니까? 아니면, '개를 데리고 산책 나간다'라고 생각합니까? 개 산책시키러 간다 생각하고 집을 나선다면 개의 산책에 여러분이 동참한 것이고, 개를 데리고 산책 나간다 생각하고 집을 나선다면 여러분의 산책에 반려견이 동참한 것입니다. 반려견을 위해 의무적으로 나가는  산책과 여러분이 산책하고 싶어 반려견을 데리고 나가는 형태는 매우 큰 차이를 보이게 됩니다.

길을 가다 차분하고 의젓하게 산책하는 개를 본 적 있을 겁니다. 그 개는 반려인의 산책에 동참한 개입니다. 반대로 사람을 끌어당기며 우왕좌왕 걷거나, 다른 개의 마킹에 집착하며 다니는 개라면 반려견의 산책에 사람이 동참한 것입니다. 그렇기 때문에 '개 산책시키러 간다'라는 생각은 틀렸습니다. 개를 산책시키러 가는 사람은 개를 위해 나왔다고 생각하기 때문에 반려견이 하는 대부분의 행동을 허용하고 맞춰 줍니다. 뛰어가면 따라 뛰어가고, 다른 개의 마킹을 맡고 있으면 기다려 주고 다른 개에게 다가가려 하면 따라가 줍니다. 이런 행동들을 하도록 기회를 주면 줄수록 여러분의 반려견은 산책에서 불안과 긴장을 높여 갈 것이며, 나중에는 산책 도중 짖고 공격적인 행동을 하게 될 가능성이 높습니다.

내가 산책하고 싶어 나설 때 반려견을 데리고 가는 사람이라면 굳이 하지 않아도 될 행동들을 기다려 주지 않을 겁니다. 다른 개의 마킹을 찾으려 할 때에도 그냥 따라오도록 할 것이고, 지나가는 개를 쫓아가려 할 때에도 그러지 말고 그냥 가자 할 것입니다. 이렇게 산책을 해 온 개라면 다른 개나 사람을 상대로 짖고 공격하려 들지 않을 확률이 높습니다.

산책길에서 짖고 흥분하고 공격적으로 행동하는 개들의 모습을 살펴보세요! 반려견이 이끄는 대로 반려인이 따르고 있음을 알 수 있을 겁니다. 반면, 짖지 않고 공격적이지 않은 개가 걷는 모습을 보면 줄을 끌거나 흥분되게 움직이거나 다른 개의 마킹에 집착하지 않음을 알 수 있습니다. 개가 사람의 산책을 불편하지 않게 맞춰 주고 있는 것입니다.

공유하되 침범당하지 않는 생활을 하세요! 서로가 서로를 침범하지 않는 생활이 '반려생활'입니다. 그것이 곧 반려견을 가족으로 대하는 것이므로, 일상에서 여러분을 불편하게 만드는 반려견의 행동을 웃고 넘기지 말고 하지 말라고 단호히 거부하세요! 무례한 행동을 받아 주면 받아 줄수록 반려견들은 가족을 어떻게 대해야 하는지 몰라 불편하게 만듭니다.

동생이 누나의 말을 잘 들어 주었을 때 예뻐하고 칭찬하듯, 반려견이 여러분의 의사를 존중해 줄 때 예뻐하고 칭찬해야 합니다. 이 단순한 가족을 대하는 예의만 가르쳐도 반려견은 진짜 가족이 됩니다.

Chapter 8.
모든 문제의 근원 '주도권'

'주도권'의 개념은 무엇인가

반려견의 행동문제를 다루기 전에 먼저 살펴봐야 할 것이 있습니다. 어떤 개들에게서 문제행동이 잘 나타나는지, 어떤 사람과 살아갈 때 문제행동이 나타나거나 나타나지 않는지에 관한 부분입니다. 이것만 알면 문제행동을 해결하는 건 매우 간단하고 방법도 명료해집니다. 문제행동이 좀처럼 나타나지 않는 개들이 어떤 생활환경과 구조에서 살아가는지를 아는 것은 문제행동을 예방하는 방법임과 동시에 문제행동을 고쳐 낼 해법이기도 합니다.

평화로운 개와 살아가는 양육자들에게는 공통점이 있는데, 그들에게는 반려견을 대하는 나름의 규칙이 존재한다는 겁니다. 이 규칙은 의식적으로 만들어 낸 틀일 수도 있고, 무의식적인 행동일 수도 있는데, 바로 '침범당하지 않는 삶'의 태도입니다.

남에게 침범당하지 않는 주체로서 살아가는 생활이 주도성 있는 삶이며, 세분화된 하나하나의 상황에서 주도성을 지켜 내는 이가 '주도권'을 가진 사람입니다. 주도권은 사람과 사람사이에서만 지켜 내야 할 자존심이 아닙니다. 인간과 마찬가지로 군집생활을 하는 개와 개 사이에서도 존재하며, 소와 소 사이에서도 존재하는 삶의 중요한 가치입니다.

'Chapter 8'에서 소개되는 7가지 주도권인 '공간주도권', '전망대주도권', '접촉주도권', '간섭주도권', '먹이주도권', '대면인사주도권', '탐색주도권'은 반려견의 '집 지키기 짖음'과 '공격성', '분리불안', '산책 짖음' 등의 우위성에 의한 문제행동들을 일으키는 요인들이므로 이 7가지 주도권을 확보하는 것은 곧, 짖음과 분리불안, 공격성의 예방과 완화의 해법이 됩니다.

'주도권'은 상대를 억압하고 상대의 것을 빼앗는 권한을 의미하는 것이 아닌, 나의 것과 나의 권리를 빼앗기지 않을 자존심 있는 행동을 뜻합니

무엇이 개를 힘들게 하는가!

다. 그러므로, 반려생활에서 반려견을 상대로 주도권을 지켜 내는 일은 권한을 박탈하는 것이 아니라, 서로를 침해하지 않는 질서 있는 삶을 의미합니다.

'행동기반교육'에서 주도권 확보의 개념과 탐색이론은 그리 어렵고 복잡한 것이 아니기 때문에 '행동기반교육'은 다른 교육법들에 비해 코칭의 기간이 매우 짧고 억지스럽게 시간을 할애하지 않아도 됩니다. 개념만 잘 전달되면 상황에 맞게 차근차근 적용해 가면 되는 일상생활의 일부분입니다.

'주도권'은 반려견 훈육의 핵심 개념이면서 반려견의 행동을 바꿔 내는 중요한 수단입니다. 여러분이 반려견에게 침해당하고 있는 일들이 많다면 문제행동은 많이 나타나고 있을 것이며, 침해당하는 일이 없다면, 문제행동 없이 평화롭게 공존하고 있을 것입니다. 그런 관계로 '행동기반교육'에서는 반려견이 반려인들의 생활을 침해하는 행동이 있다면, 먼저 그 행동을 멈추게 한 후 이완을 목적으로 보상수단을 활용할 뿐, 침해행동을 스스로 멈출 생각이 없는데 간식이나 칭찬, 보상물 등을 선제적으로 제공하지 않습니다.

반려문화가 오래된 나라를 여행하면서 만난 개들이 오프리쉬로 산책함에도 서로 경계하거나 의식하지 않고 지나치고 있었다면, 그 개들이 바로 주도권을 가지지 않고 살아가는 개들입니다. 줄 당김 없이 아주 평온하게 걷거나 경계심 없이 멈춰 있는 모습과 손님이 방문할 때 마치 알고 지내던 사람이 방문한 듯 태연하게 걸어 나와 마중하는 모습이 주도권을 가지지 않고 살아가는 개들의 행동이고, 낯선 개가 달려와 짖고 위협해도 맞대응하지 않고 자신을 이완시켜 싸울 의사가 없음을 보여 주는 행동이 주도권을 가지지 않고 살아가는 개들의 모습입니다.

높아진 주도권을 상실시키는 일은 반려견에게서 경계, 긴장, 불안, 흥분이 가득 찬 방어책임을 내려놓도록 만들어 평온한 삶이라는 핵심가치를 지켜 내는 일입니다. 주도권 교육은 문제행동이 있으면 고친다는 개념을 넘어 세상의 고난들로부터 반려견을 지켜 내는 가장 훌륭한 방안이 될 수 있습니다. 개들이 인간 세상에서 겪는 고통과 충격들은 반복될수록 익숙해지는 게 아니라, 떨쳐 낼 수 없는 무서운 것들로 기억되기 때문입니다.

어떤 사람들은 개들의 '카밍시그널'이 개들 간 문제를 해결하는 수단 또는 이완된 삶을 위한 역할을 할 걸로 기대하기도 하는데, 카밍시그널은 상대방에 의해 일어난 불안, 긴장, 당황스러움을 표현함으로써 상대방과 서로 조심하려는 '안정화 시도'일 뿐, 다른 개의 행위 자체를 제어하거나 적절한 행동을 가르치기 위한 의도된 행동은 아닌 관계로 반려견들이 일으키는 '짖음', '공격성', '분리불안', '강박증' 등의 문제에 영향을 끼치지 못합니다.

인간이나 개 외의 동물들에서도 그들만의 '카밍시그널'이 당연히 존재할 것이며, 자기안전을 위한 불안, 긴장, 당황스러움을 표현하는 행동은 상대와 충돌을 일으키지 않으려는 본성적 시도입니다. 인간 역시 서로의

무엇이 개를 힘들게 하는가!

감정을 불안하게 해 충돌하는 일이 생기지 않도록 상대가 긴장하거나 불안정하게 느껴질 때 시선을 피하거나 몸을 이완시키는 행동을 하기도 하고, 위협이 느껴질 때 천천히 걷거나 멀리 우회하는 행동을 취하기도 합니다.

이처럼 '카밍시그널'은 상대에 대한 도전이나 침범 상태가 아님을 전달하려는 서로간의 '안정화 시도'이기 때문에 이미 일어난 '침범'과 '도전'에 대항하는 반려견들의 행동을 완화시키는 방편으로서의 역할을 하지 못하므로 침입자를 방어하기 위해 목이 쉬도록 짖는 개의 옆에서 하품을 하거나 드러눕는 행동은 하지 않아도 됩니다.

'주도성'을 가지는 것은 반려견이 양육자를 보고 배우도록 하는 '모범답안'을 제공하는 일입니다. 주도성 낮은 양육자의 반려견은 상대적으로 주도성이 높아질 수밖에 없기 때문에 보고 배울 만한 '스승'도 '모범답안'도 얻지 못한 채 혼자 지키고, 혼자 싸우며, 혼자 불안해하면서 살아갑니다.

반려견의 주도성이 높아진 것은 순전히 양육자의 행동에 의한 반사작용입니다. 주도성을 확보한 양육자는 반려견에게 세상 많은 것을 경험하게 하고 인간이 만들어 놓은 갖가지를 공유하게 해 줄 수 있는 반면, 주도성을 상실한 양육자는 반려견에게 자유와 공유가 아닌, 세상 어디를 가더라도 불편하게 살아가도록 만듭니다.

반려생활에서 반려견을 상대로 하는 '주도권' 확보는 가족 중 한 사람에게만 해당되는 게 아니라, 구성원 전체에게 주어지는 '과업'입니다. 개의 무리에서 방어책임자를 바꾸는 유일한 방법은 구성원 모두가 합심해 권한을 인정하지 않는 것이기 때문입니다. 그러므로, 불필요한 일이라 여겨 동참을 거부하거나, 온전히 수행하지 않는 사람이 하나라도 있다면 그 사람 때문에 반려견이 책임을 벗어던질 수 없게 됨을 기억하세요!

주도권을 내려놓게 하는 일은 반려견의 생애 단 한 번만 시도되는 일이고, 상당 부분 내려놓게 할 수 있다면, 원하는 만큼의 스킨십, 놀이, 여가활동이 가능해질 뿐만 아니라, 불안했던 세상에 대한 평온함마저 누리게 됩니다. 더 이상 어느 누구도 통제와 욕설을 가하지 않을 것이며, 사람이 줄 수 있는 최대치의 사랑도 받게 될 것이므로, 가족 구성원 모두는 개에

무엇이 개를 힘들게 하는가!

게 빼앗긴 주도권을 찾아오는 일에 매우 진지하게 참여해야 합니다.

　포유류로서의 인간이 포유류인 개에게 가장 선명하게 전달할 수 있는 거부의사 전달수단은 불쾌함을 표현하는 것입니다. 사람도 개도 소나 말과 양과 돼지도 포유류로서의 제어법인 단호한 소리와 밀어내기를 사용해 거부의사를 전달합니다. 하지만, 사춘기 이상 연령의 개들 중에는 밀어내는 것조차 거부하는 경우가 많기 때문에 가족에 대한 저항이나 위협을 가하는 경우라면 밀어내기는 '없는 셈 치기'로 바꿔 적용해야 합니다.

　없는 셈 친다는 뜻은 무관심한 척하는 게 아니라, 진짜 없는 것처럼 행동함을 의미합니다. 주도권 교육에서 '없는 셈 치기'는 반려견을 조력하거나 추종하지 않음을 전달함으로써 주도성을 약화시켜 내고 그 작용을 통해 반려견이 배제가 아닌 융화를 선택하도록 돕는 훌륭한 전략입니다. 그러므로, '밀어내기'를 사용하지 못한다고 해서 문제될 건 없습니다.

　어린 강아지나 밀어내기에 저항이 없는 반려견들이라면 사람의 신체나 딱딱한 도구, 넓이가 있는 판, 싫어하는 물건 등 반려견을 이격시키는 데 효과적인 어떤 것을 활용해도 되고, 단순히 불쾌한 소리 지르기로 이격시키는 것도 가능한데, 중요한 점은 반려견을 밀어내거나 소리쳐 이격시킬 때에는 얼굴을 마주 보지 않음으로써 의연함을 전달할 수 있어야 하고, 장난으로 여겨지거나 불안정한 존재의 행동으로 오인받지 않기 위해 매우 차분하고 일관성 있게 반복해야 한다는 것입니다. 또한, 주도권을 확립하는 과정 중에는 놀아 주거나 예뻐하는 일체의 행동을 중단해야 한다는 점도 명심해야 합니다.

예뻐하는 행동이란, 4대 접촉을 말합니다. '무반응'은 행동기반교육의 바탕이 되는 전략이고, 주도권 확보의 과정에서는 4대 접촉을 점진적으로 줄여 가다 완전히 중단하는 상태까지의 굳은 의지를 요구합니다.

밀어내기에 짖음이나 으르렁거림 또는 공격적 행동을 하는 반려견이라면 밀어내기는 사용하지 말아야 하고, '없는 셈 치기' 방법을 이용해야 하는데, 반려견이 가족에게 어떤 행동을 하든 일체의 반응도 의식도 하지 않은 채 자기 생활을 할 수 있어야 합니다. 투명인간을 소재로 한 영화에서 투명인간은 반갑다면 인사를 청하는데, 상대는 투명인간을 그대로 통과하듯 지나치는 형태의 대응이 '없는 셈 치기'입니다. 이미 대장이 된 반려견에게 정면으로 도전하는 행위는 화를 자초함을 잊지 말아야합니다.

생활 전반에서 주도권을 빼앗아 온다 해서 반려견이 삐치거나 비굴해질 거라는 걱정은 붙들어 매 놓아도 됩니다. 주도권을 내려놓기 시작할 동안은 서로 힘들겠지만, 마무리된 후 여러분에게 매우 감사해 할 것이기 때문입니다. 여러분에 의해 자신의 삶이 휴식을 취할 수 있게 된 걸 말하지 않아도 느낄 수 있습니다. 이어지는 'Chapter 8'의 방법들을 통해 목표를 이루어 내길 진심으로 기원합니다.

공간 점유권을 가져라(공간주도권, 전망대주도권)

주도적인 반려견들의 가정을 방문해 보면 공통적으로 집 안 전체를 다 사용하고 가족의 모든 침대를 마음대로 오르내리는 걸 보게 됩니다. '공간 점유권'이란 나만의 독점공간 또는 내가 먼저 사용할 권리를 가진 공간이 있느냐 하는 것입니다. 나만의 독점공간이란, 내 방 또는 내 침대가 될 수 있는데, 이곳의 점유권이 그 사용자에게 있음을 개에게 가르치는 건 가족을 주도하지 않도록 하는 매우 중요한 훈육 중 하나입니다.

이 점유권을 행동이론에 서는 '공간주도권'과 '전망대 주도권'으로 구분합니다. 공간은 개인의 방이나 주방을 의미하고, 전망대는 침대나 소파를 의미합니다. 이런 개인적인 공간과 높이 있는 가구에 대해 원래 사용하던 사람에게 선점권이 있음을 가르쳐야 하는 이유는 인간도 개도 자신이 먼저 사용해 오던 공간이나 쉴 자리를 자기 점유공간으로 인식해 양보하지 않는 특성이 있기 때문입니다. '양보', '배려'라는 자기희생 관념은 개에게는 있지 않고, 사회적 관념을 중요시하는 인간에게조차 선택사항일 뿐입니다.

혹시 내 침대에 다른 가족이 음료나 커피를 쏟아 얼룩을 만들었다면, 기분 상하지 않을 분이 있으세요? 깨끗이 청소해 놓은 내 방에 온갖 물건을 어질러 놓고 갔을 때 기분 상하지 않을 분이 있으세요? 피곤한 몸을 이끌고 겨우겨우 집에 돌아와 쉬려고 방에 들어갔더니 내 침대에 다른 사람이 누워 자고 있을 때 기분 상하지 않을 분이 있으세요?

내 방과 침대라는 점유권이 나에게 있을 때 그곳에서 비키기를 요구하는 것이고, 점유권이 없는 빈방의 침대는 비키도록 요구할 권리를 가지지 않습니다. 또한, 내가 외출했을 때나 다른 곳에 있을 때에는 내 방이나 침대는 점유자가 없는 상태이므로 아무나 침범하고 사용할 수 있지만, 내가 돌아와 방에 들어가면 점유권이 발휘되므로 비키도록 할 수 있습니다.

'공간주도권'과 '전망대주도권'은 인간과 인간, 개와 개, 인간과 개 사이에 동일하게 나타나고 동일하게 요구되는 것들입니다.

사람들은 이상한 생각을 합니다. '반려견만의 공간이 필요하다!' 개들만의 공간이 필요하므로 사람에게 방해받지 않고 편하게 쉴 수 있는 하우스나 켄넬박스를 안정감 있는 장소에 마련해 줘야 한다고 생각하는 거죠! 그런데 반려견만의 공간은 있고, 사람이 반려견에게 방해받지 않을 공간은 마련되어 있습니까?

사람이 반려견에게 방해받지 않을 공간은 여러분 각자의 방과 침대입니다. 집 안 전체를 순찰 돌 듯 돌아다니고 모든 가족의 개인 영역에 마음대로 침범하도록 허용하면 '공간주도권'이 만들어지게 되고, 가족들이 침대를 사용하고 있을 때 허락 없이 침대에 뛰어오를 수 있다면, 모든 가족의 전망대를 획득하게 된 '전망대의 주도자'입니다.

이 책을 읽으면서 머릿속이 혼란스러운 분들이 많을 겁니다. 이 책은 이제껏 개를 대해 오던 시각과 관념이 아닌, 순수하게 개의 입장에서 개를 이야기하고 있기 때문입니다. 내 침대에서 함께 잠자고 싶어 간식으로 유인하고 언니 침대에 가지 말고 제발 내 침대로 와 달라고 애원해 왔던 여러분의 마음에 상처가 되겠지만 여러분의 공간과 전망대를 빼앗기면 반려견은 절대 여러분을 존중하지 않습니다. 여러분이 자기 공간도 지키지 못하는 약자로 보이기 때문입니다.

매우 공격적인 반려견들은 침대나 소파뿐 아니라, 자기 방석이나 하우스, 켄넬박스에 있을 때조차 가족이 그것들에 손대거나 이동시키는 것을 용납하지 않으려합니다. 무엇을 말하는 것인가요? 자기 소유공간, 자기의 휴식공간에 대한 침범에 응징하겠음을 표현하는 것입니다. 이 개는 분명 어려서부터 모든 가족의 방을 다 드나들었을 것이고, 모든 가족의 침구를 마음대로 오르내렸을 것입니다. '네 것은 내 것이고, 내 것도 내 것이다'라는 생각을 가진 무법자입니다.

그러므로, 모든 가족은 자신의 방이나 침대에 있을 때 자신이 사용 중이므로 그곳에 들어오거나 사용하지 못하도록 막아 내야 합니다. 내가 침대를 사용할 때에는 침대에서 내려가고 내가 내 방의 다른 공간에서 무엇인가를 하고 있을 때는 방에서 나가도록 요구해야 합니다. 이 정도의 요구도 들어주지 않고 적반하장으로 화내는 반려견이라면 사람이 사용하고 있을 때는 문을 닫아 놓음으로써 침범을 막아 내야 합니다. 여러분의 침대 하나조차 개에게서 지켜 내지 못한다면, 여러분은 반려견에게 존중받지 못하게 됩니다.

접촉권한을 가져라(접촉주도권, 간섭주도권)

'접촉권한'은 행동이론에서 '접촉주도권', '간섭주도권'으로 부르는 개와 개 사이의 밀착과 접촉에 있어서의 우위권을 말합니다. 여러분의 반려견 중에 자신은 가족의 무릎에 올라와 쉬고 밀착적으로 따라다니면서 가족이 만지려 하거나 안아 올리려 할 때는 잡히지 않으려고 한다면 '접촉주도권'이 매우 높은 상태에 있는 것이며, 만지거나 안으려 할 때 공격한다면 접촉과 밀착에서의 주도권을 완전하게 장악한 상태로 볼 수 있습니다.

반려견과 살아가면서 가장 배신감을 느낄 때가 반려견에게 공격당했을 때일 겁니다. 반려견에게 물리는 두 가지 원인 중 하나가 바로, '접촉주도권'이 반려견에게 있기 때문입니다. 어린 강아지는 관심을 줄수록 먼저 접촉을 시도해 오는데, 강아지가 장난치는 것쯤으로 여기고 손으로 장난쳐 주거나, 장난감으로 놀아 주게 되면, 더 심하게 접촉하고 밀착하려는 시도가 나타나게 되고 이것을 막지 못하면 얼마 지나지 않아 가족들의 손과 뒤꿈치에 수많은 이빨 자국이 만들어지게 됩니다.

무엇이 개를 힘들게 하는가!

어린 강아지의 접촉주도는 장난으로 그치지 않습니다. 강아지와 가족 간 접촉은 사람에 의해 시작되고 사람에 의해 중단됨을 훈육기간만이라도 명확히 전달해야 합니다. 장난으로 접촉하는 것도 먼저 접촉하는 것이고, 졸졸 따라다니며 양말이나 뒤꿈치는 무는 행동도 먼저 접촉하는 것입니다. 이런 것들을 '강아지가 심심해서'라거나, '이가 간지러워서'라고 생각하고 방치하다간 얼마 지나지 않아 기본적인 신체 케어도 불가능한 개가 될 수도 있습니다.

빗질, 발톱 깎기, 눈곱 떼기, 목욕과 털 말리기, 산책 후 발 닦기, 양치시킬 때 화내거나 도구와 손을 물어 흔드는 행동은 싫은 것에 대한 스트레스행위가 아니라, '접촉주도권'을 가진 개가 주도권 없는 사람에게 하는 통제행위입니다. '나는 너에게 밀착과 접촉이 가능하고, 너는 나를 함부로 접촉하거나 밀착하면 안 된다!'는 생각이 '접촉주도권'의 바탕입니다. 더군다나 얼굴과 앞발, 가슴, 목 등 신체의 전반부에 대한 접촉에 매우 과민하게 반응함으로써 기본적인 케어조차 하지 못하도록 합니다.

무뚝뚝한 할아버지와 살아가는 반려견은 접촉주도권한이 만들어지지 않으므로, 사람을 물게 될 확률이 매우 낮습니다. 할아버지는 강아지 시기부터 매달리거나 따라다니는 걸 허용하지 않습니다. 선제적 접촉을 허용하다 보면 가족의 신체에 대한 점유권한까지 만들어져 누워 있으면 배 위에 올라와 엎드리고, 앉아 있으면 무릎에 올라와 쉬고 서 있으면 안으라 요구하는 지경까지 이르게 됩니다. 모든 개들이 접촉을 주도한다 해서 공격적인 개가 되는 것은 아니지만, 개와 개 사이에서 접촉을 주도하는 개가 강자가 되듯, 사람과의 관계에서도 강자가 되어 통제력을 발휘하게 될 가능성이 큽니다.

'접촉권한'의 두 가지 중 '접촉주도 권'은 내가 어딘가에 앉거나 눕거나 서 있는 정지 상태에서 반려견이 올라타거나 밀착해 머무르는 걸 거부하는 것입니다. 내가 휴식하고 있는 상태이니 그 휴식이 방해받지 않을 만큼의 거리로 벗어나라 요구하는 것이 필요하고 이 행동을 며칠간 반복했을 때 반려견이 더 이상 내 신체에 올라오거나 가까운 거리에서 쉬고 있지  않다면 원하는 것을 이해하고 있다는 뜻입니다.

또 하나의 접촉권한인 '간섭주도권'은 내가 집 안에서 어디로 이동해 무엇을 만지고 무슨 일을 하든 따라다니며 확인하려는 행동을 차단하는 것입니다. 여러분이 낮은 서랍장에서 무엇인가를 찾고 있을 때 가까이 다가와 확인하려 든다면, '간섭주도권'을 행사하는 반려견입니다. 그러므로, 여러분이 집 안에서 어디로 움직이고 무엇을 하고 있든, 가까운 거리에서 확인하지 못하도록 떨어뜨려 내야 합니다. 주도적인 개들은 다른 개가 자신의 행동에 참견하는 걸 용납하지 않습니다.

무엇이 개를 힘들게 하는가!

'접촉권한'은 반려견이 여러분의 가까이 머무는 것과 가까이 따라다니는 행동을 막는 것입니다. 그러므로, 교육기간 동안 반려견이 여러분에게 밀착할 수 없으므로, 만져 주고 안아 주기 위해서는 반려견이 다소 떨어진 곳에 머무르고 있을 때 직접 다가가 느리게 만져 주거나 안아 줘야 하며, 만지기도 전에 먼저 다가오거나 안기려 하면 단호하게 거부해야 합니다. 그런 후 차분해졌다면 다시 만져 주고 흥분도가 쉽게 가라앉지 않는다면 다음 기회에 하면 되니 다른 곳으로 가 버려야 합니다.

이 규칙을 적용할 때에도 밀어내기나 소리 지르기를 허용하는 반려견이라면 그 방법을 사용하면 되고 받아들이지 않는 반려견이라면 '없는 셈 치기' 방법을 사용해야 하는데, 반려견이 어느 위치에 있든 절대 반려견을 우회하거나 피해 다니지 말고 투명인간을 통과하듯 여러분의 진로를 개가 없는 상태처럼 정해야 합니다. 반려견이 어떤 소리와 행동을 동원해 반응을 유도하더라도 없는 셈 쳐야 합니다.

어떤 반려인들은 가까이 오지 못하도록 하면, 나중에 불러도 오지 않으면 어떻게 하냐고 걱정부터 앞서지만, 시도하기도 전에 그런 걱정을 하는 사람이라면 반려견을 편안하게 만들어 주기 어렵습니다. 처음 입양해 와 눈치만 보고 겁먹고 있던 강아지가 여러분을 졸졸 따라다니게 되는데 며칠 걸리지 않았듯, 다 자란 반려견을 다시 따라다니게 하는 것도 딱 그 정도의 시간이면 충분합니다.

음식의 점유권한을 행사하라(먹이주도권)

음식의 점유권한을 행사하는 힘을 '먹이주도권'이라 부릅니다. 음식을 점유하는 힘은 곧 통제력이 있음을 의미하므로, 다른 구성원들에게 침범 당하지 않는 힘 있는 존재임을 드러내는 강력한 수단입니다. 초식동물에 비해 육식동물들은 '사냥'이라는 힘든 과정을 겪고서야 음식 섭취가 가능하기 때문에 육식동물들은 동종이든 이종이든 먹이에 대한 치열한 경쟁심을 가지고 살아갑니다.

가정에서 길러지는 반려견들이 제아무리 사냥 활동 없이 풍족한 음식을 제공받을 지라도 그들의 'DNA' 속에는 생존을 위해 음식을 선점 또는 독점하려는 본성이 흐르고 있습니다. 공이나 장난감, 하우스, 방석은 생존을 위한 것이 아니지만, 음식은 언제든 경쟁이 일어날 수도 있고, 언제든 굶주릴 수도 있기 때문입니다.

밥그릇에 항상 사료가 남아 있음에도 가족들이 사료 그릇을 만지거나 가까이 다가가기만 해도 달려와 위협하는 개도 있으며, 많은 반려견들이 가족에게서 얻은 간식을 먹고 있으면서도 가족이 머리를 쓰다듬거나 간식에 손을 대려 하면 위협하거나 공격하는 경우도 많습니다. 이 행동이 바로 반려견이 여러분에게 '먹이주도권'을 확인시켜 주고 있는 것입니다.

단순히 맛있는 걸 빼앗기지 않기 위해서가 아니라, '먹이주도권'을 가진 개가 주도권 없는 여러분의 접근을 통제하려는 행동입니다. 이미 이런 행동이 여러 번 반복되었다면, 반려견은 기분이 나쁠 때마다 가족들을 위협하거나 물고 있을 겁니다. 반려견이 가족을 물게 되는 두 가지 원인 중 하나인 음식독점욕에 의해 통제권은 높아집니다.

여러분은 시골 동네에서 새끼를 기르는 어미개를 본 적이 있으세요? 도시의 가정에서 새끼를 기르는 어미개와 시골 동네에서 새끼를 기르는 어미개의 가장 큰 차이는 '훈육'에 있습니다. 도시의 가정에서 출산하고 새끼를 기르는 어미개는 사람에 의해 새끼들을 훈육할 기회가 박탈되기 때문에 어미의 훈육 모습을 보기 어렵지만, 실외에서 새끼를 기르는 시골 동네의 어미개는 간섭 없이 새끼를 훈육하게 됩니다.

어미가 새끼를 훈육하고 있다는 것을 눈으로 지켜보지 않고도 알 수 있는 방법이 있습니다. 낮과 밤을 가리지 않고 들려오는 새끼들의 '비명'입니다. 잊을 만하면 '깨갱깽깽' 소리 지르는 그때가 어미가 새끼를 훈육하고 있는 순간입니다. 어미의 훈육은 몇 가지로 한정되지만, 그중에 가장 단호하고 일관된 훈육이 바로 먹이 앞에서의 '밥상머리 교육'입니다. 우리에게 강아지를 기르는 어미개의 이미지는 동화나 애니메이션 속 다정한 엄마로 자리 잡고 있지만, 새끼를 훈육하는 현실에서의 어미개는 신데렐라의 계모만큼이나 매정합니다.

어미개는 어미이자 통제권을 가진 성체의 모습을 동시에 드러내기 때문에 심약한 사람 중에는 어미개가 새끼를 물어 훈육하는 모습을 보고 무섭다며 자리를 피하기도 하고, 어떤 사람들은 친어미가 아닐 거라 여길 정도로 먹이 앞에서의 훈육은 단호하고 냉정합니다. 연출된 영화나 애니메이션에서의 어미는 자기는 배고파도 새끼들을 먼저 먹게 양보하지만, 현실에서의 어미는 자신이 배불리 먹을 때까지는 새끼들이 먹지 못하도록 화를 내거나 물어 버립니다.

어미는 왜 음식 앞에서 무서운 존재로 돌변하는 걸까요? 음식을 빼앗기지 않으려는 주도성을 드러내는 것입니다. 아무리 새끼일지라도 조심성 없이 강자의 음식에 접근하는 행동은 통제당할 일이기 때문입니다. 이런 어미의 '먹이주도권' 발휘는 결국 자연학습이 되어 새끼들의 생애 동안 음식에 접근할 때의 조심성과 자기 음식을 지켜 내는 방법들을 습득시키게 됩니다.

개들 사이에서는 힘의 차이가 월등하지 않다면, 자신이 소유하고 있던 먹이를 다른 개에게 바로 빼앗기는 일은 없습니다. 통제권을 가진 개가 다가와 먹고 있는 음식을 내놓으라 얼굴을 들이밀어도 일말의 자존심은 드러내고 빼앗기는데, 여러분들은 반려견에게 사료나 음식을 급여할 때 내 손에 있으니 내 것이고, 내가 구해 왔으니 나에게 소유권이 있음을 표현해 본 적이 있는지요?

"앉아!", "기다려!"라고 말하고 가만히 있으면 "먹어!"라며 물러서는 행동을 반복해 해 오지는 않았습니까? 이 방법이 어미개의 밥상머리 교육과 닮은 점이 있는가요? '먹어'라는 말을 할 때까지 기다리고 있으면 여러분에게 먹이 앞에서의 통제권이 있을 거라 생각되겠지만, 전혀 그렇지 않습

무엇이 개를 힘들게 하는가!

니다. 여러분은 "네가 가만히 기다리고 있으면 먹도록 해 주겠다!"라고 제어하고 있겠지만, 반려견은 "엉덩이만 바닥에 붙이고 있어도, 쉽게 빼앗을 수 있구나!"라고 학습하게 됩니다.

사료를 그릇에 옮겨 담거나 간식을 꺼내거나, 냉장고 문을 열 때, 식탁이나 밥상에서 음식을 먹으려 할 때 등 음식과 관련된 모든 상황에서 반려견은 가까이에서 앉아 기다리는 게 아닌, 여러분의 음식에서 멀리 떨어져 있어야 합니다. 앉아 있든, 서 있든, 누워 있든지는 관계없습니다. 여러분이 침범 받지 않았다고 여겨지는 거리까지 벗어나 있기만 하면 됩니다. 이것을 어려서부터 가르친다면 평생 가족을 물지 않는 개로 성장하게 될 것이며, 문제행동이 나타나고 있는 개일지라도 가족을 존중하는 마음이 자라나게 됩니다.

절대 여러분이 구해 온 음식을 반려견에게 쉽게 빼앗기고 돌아서지 마세요! 음식을 가지고 있거나 바닥에 내려놓고 돌아설 때까지 다가오지 못하도록 열 번이고 백 번이고 밀어내야 합니다. 그런 후 반려견이 음식 가까이 다가올 기미가 보이지 않을 때 피해 주면 됩니다. 만약, 음식 앞에서 여러분을 위협하거나 공격하는 반려견이라면 밀어내기는 불가하므로, 여러분의 음식을 탐낼 기회조차 없도록 밥과 간식은 아무도 사용하지 않는 구석방, 베란다, 현관문과 중간문 사이, 마당 등 침범할 수 없는 곳에 내려놓고 먹지 못하도록 문을 닫아 놓았다가 5~10분 정도 지난 후 아무 일 없다는 듯 열어 주고, 먹고 있는 동안 다시 문을 닫아 놓음으로써 먹이경쟁의 기회조차 박탈해야 합니다.

이 과정을 되풀이하게 되면 여러분이 먼저 배불리 먹고 남겨 놓았다고 인식하게 될 겁니다. 어미가 새끼들을 가르친 것과 똑같은 훈육이 여러분을 통해 일어나게 됩니다.

대면인사를 주도하라(대면인사주도권)

대부분의 무리를 이룬 포유류에서 '대면인사'는 일상적인 것입니다. 어린 자녀가 집에 돌아와 "다녀왔습니다!"라며 인사하는 것이 대면인사의 하나이고, 직장이나 단체에서 상사나 상급자에게 머리 숙이는 것도 '대면인사'입니다. 그리고 보면 사람들은 대면인사를 참 자주 합니다.

가정, 학교, 직장, 단체, 동호회, 학원 등 수많은 사회적 집단관계를 만들며 살아가다 보니 그 집단에서 다른 집단으로 옮겨갈 때마다 새롭게 대면인사를 해야 하고, 그 집단의 구성원들을 다시 만날 때마다 대면인사를 주고받습니다.

대면인사를 가장 자주, 많이 하는 존재가 인간이라면, 대면인사를 가장 철저하게 하는 동물은 '개'입니다. 새끼들을 남겨 놓고 외부로 다녀온 어미를 상대로 새끼들의 대면인사가 일어나고 정탐 나갔다 돌아온 최상위를 상대로 구성원들의 대면인사가 일어나는데, 인간의 대면인사에서 그렇듯 인사를 받는 측은 몸을 위로 꼿꼿이 세우는 모습을 보이고 인사를 하는 측은 상대적으로 몸을 낮추는 모습을 보입니다.

　인사를 하는 어리거나 약한 개는 몸을 이완시켜 얼굴과 꼬리를 등선과 수평 또는 그 아래로 낮추기를 시도하고, 낮은 자세로 상대의 입 주변을 핥으며, 때에 따라 작고 낮은 소리로 '낑낑'대는 듯한 소리를 냅니다. 인사를 받는 주도성 있는 개는 목을 치켜세워 얼굴을 들어 올리고 꼬리를 높이 들어 올리는 팽창된 모습을 나타냅니다.

　은신처로 돌아온 어미개가 새끼들이 성급하게 매달리는 행동을 으르렁거림이나 가벼운 물기를 통해 가르치고, 최상위의 개가 마중 나온 구성원들에게 이완된 몸 낮추기를 요구하는 것은 대면인사를 주도하려는 동일한 행동입니다. 어미개가 새끼강아지들에게 대면에서의 낮추기 행동을 제대로 가르쳐 놓았다면 다른 성체들에게도 동일한 행동을 하게 되어 대면인사에서의 문제를 일으키지 않게 됩니다. 대면인사는 힘의 우열을 확인하는 행위이자, 누구에게 주도권이 있는지를 서로 간 명확히 하는 의식이므로 개나 인간에게 대면인사는 위계질서의 중요한 의미를 가지고 있습니다.

하지만, 대부분의 반려인들은 입양 시점부터 인사를 받는 개의 모습이 아닌, 인사하는 개의 모습을 보임으로써 반려견이 인사 받는 엉뚱한 일이 벌어집니다.

첫 번째 행동은 집에 들어서면서 반려견을 향해 몸 낮추기인 앉거나 엎드리거나 허리를 숙이는 것이고, 두 번째 행동은 상대의 입 주변을 핥는 것에 해당되는 손으로 얼굴 주위를 빠르게 간질이거나 만지는 것이며, 세 번째 행동은 '낑낑'거림에 해당되는 가늘고 부드러운 소리로 말을 건네는 것입니다.

이 세 가지 행동에 의해 반려견은 입양된 지 얼마 지나지 않아 인사를 받는 개의 모습으로 현관으로 나오게 되고 인사가 더 자극적으로 가해질수록 매달리거나 뱅글뱅글 돌면서 강렬하게 대면인사를 주도하게 됩니다. 대면인사는 출입구 앞에서 만들어지므로 현관 앞에서의 방어적 짖음과 가족의 이탈을 막으려는 분리불안성 행동을 부추깁니다.

그러므로, 반려가족 모두는 대면인사에서의 주도권을 확보하기 위해 외출에서 돌아올 때마다 반려견이 대면인사를 주도하는 행동을 막아 줘야 합니다. 흥분된 상태로 달려 나오거나, 꼬리를 높이 들어 흔들어대거나, 매달리거나, 뱅글뱅글 도는 행동을 보일 때마다 불쾌함을 전달해야 합니다.

개를 기르는 사람들은 반려견의 마중이 마치 어린아이가 엄마, 아빠를 반기며 달려 나오는 것쯤으로 여겨 귀가하면서부터 이미 마중 나오기를 기대하고 있지만, 대면인사는 개들에게 있어 매우 중요한 의식이며, 주도성을 재확인하는 일상임을 알고 주도성이 확보될 때까지 철저하게 막아내거나 무시할 수 있어야 합니다.

탐색(산책)을 주도하라(탐색주도권)

'탐색'은 '귀소성'을 가지면서 먹이동물을 사냥하는 모든 육식동물들의 공통 행위입니다. 육식동물에게 탐색은 두 가지 목적을 가지는데, 하나는 은신처를 중심으로 하는 '고유영역의 순찰'이고 다른 하나는 먹이동물을 추적하는 '먹이 탐색'입니다. '탐색주도권'은 집 외부의 모든 공간에서 안전 확보를 위한 판단과 결정권한을 의미하고 탐색에서의 불안은 반려견들의 삶에서 가장 큰 스트레스가 되므로, 반려가족이 탐색을 완벽히 주도해 내는 일은 산책에서의 문제를 해결하는 데 그치지 않고 생활 전반에서 안정감을 높이는 데 중요한 역할을 하게 됩니다.

반려견들에게 집을 떠나는 모든 행위는 탐색활동입니다. 매일 나가는 동네 주변의 산책이 가장 일상적인 탐색이며, 자동차를 타고 먼 공원에 놀러 가거나, 낯선 곳을 여행하거나, 동물병원을 가기 위해 이동하는 전부는 탐색활동입니다. 그러므로, 반려견과 집을 나설 때 여러분이 명심해야 할 것은 그들의 머릿속에 '놀러 가는 것'이란 개념은 없다는 점입니다.

산책은 바람 쐬러 나가는 게 아닌, 탐색을 나가는 것입니다. 그러니 탐색을 나가는 반려견에게 흥분된 모습을 보이지 말아야 합니다. 어린아이를 '키즈카페'에 데리고 가듯 신나게 부추기는 순간 반려견은 긴장과 흥분이 동시에 높아져 불안정한 탐색을 하게 됨과 동시에 진중하지 못한 가족을 대신해 영역을 침입한 존재들에 대한 순찰활동을 더 견고히 하려 할 것입니다.

반려가족이 집 외부 공간에서의 주도권을 확보하는 일은 반려견이 외부 공간에서의 배타성을 높이지 않도록 만드는 유일한 방법입니다. 낯선 개나 사람에게 드러내는 '배타성'은 외부 영역에서의 방어와 투쟁에 몰두하게 만들어 여러분과 반려견의 삶의 질을 현저히 떨어뜨리게 되고, 외부 공간에서 예기치 못한 사고에 직면하게 만들기도 합니다. 탐색에서의 주도권을 가족에게 되돌려오는 일은 무리 전체의 안전을 확보하는 역할을 여러분이 수행할 수 있느냐 없느냐의 문제이기도 합니다.

탐색에서의 주도행위는 다음의 다섯 가지 행동으로 나타납니다. 반려가족 모두는 다섯 가지 상황에서 반려견의 자의적 행위를 막음으로써 주도할 수 있어야 합니다. 첫 번째 행동은 집을 나설 때 반려견이 가족보다 먼저 문을 나서려는 행동입니다. 두 번째 행동은 리드줄을 잡은 가족이 어딘가에 정지했을 때 반려견은 계속 움직이고 있는 행동입니다. 세 번째 행동은 길을 걸으면서 지속적으로 끌어당기는 행동이고, 네 번째 행동은 조급하게 다른 개의 마킹을 찾아 헤매는 행동이며, 다섯 번째 행동은 지나가는 개나 사람, 고양이, 새 등에 대해 경계행동을 보이는 것입니다.

집을 나설 때 문 앞에서 여러분이 해야 할 행동은 문이 열릴 때까지 반려견이 여러분보다 조금이라도 뒤에 머물러 있도록 가르치는 것입니다. 문이 반쯤 열리더라도 그 상태를 유지해야 하며, 여러분이 먼저 한 발을 내딛은 후 따라 나오도록 해야 합니다.

집을 나선 후 엘리베이터를 기다리거나 엘리베이터 안에 타고 있다면 여러분은 이동을 정지한 상태이므로, 반려견도 완전히 정지하도록 앉혀 놓아야 합니다. 이때에도 간식을 주며 여러 번 부탁하기보다 줄을 가볍게 들어올림과 동시에 엉덩이를 눌러 앉도록 하여 요구에 응하도록 해야 합니다.

아파트의 로비를 나서거나 주택의 대문을 나선 후부터는 줄을 끌어당기지 않도록 해야 하는데, 급하게 끌어대는 행동은 다른 존재들에 대한 두려움을 표현하는 긴장행위이므로, 다른 개의 마킹에 집착하지 않도록 만들고 여러분이 아주 태연하게 말없이 천천히 걷는 것만으로도 해결됩니다. 끌려가지 않고 태연하게 천천히 걷는다는 건 반려견의 행동에 맞춰 허리를 숙여주거나 팔을 뻗어 주거나, 불안정한 움직임에 반응하지 않고 무신경하게 행동하라는 뜻입니다.

마킹 냄새를 맡지 않음에도 앞으로 당기는 행동이 지속된다면, 산책은 매일 똑같은 곳에서 10여 분 내외로 하고 돌아와야 합니다. 이때 여러분의 자세는 아주 무기력하고 세상만사가 귀찮은 사람처럼 행동하고 걷는 것이 필요합니다. 만약, 하루 여러 번 오랜 시간을 산책해 온 반려견이라면, 같은 공간을 왕복하면서 평소의 시간만큼 보내고 오면 됩니다.

다른 개의 마킹이 있는 기둥이나 전신주, 나무 밑동, 돌, 솟아 있는 풀로 가려 할 때 절대 줄을 당겨 막아 세우지 마세요! 다가가지 못하도록 막는 건 맡으면 안 된다는 걸 가르쳐 주지 못합니다. 마킹에 관심을 가지고 그런 것들을 향해 가려 할 때는 태연히 따라가 준 뒤 코를 대는 순간 투명인

무엇이 개를 힘들게 하는가!

간을 통과하듯 과감하게 반려견의 얼굴 부위를 다리로 밀치며 걸어버립니다. 다른 개의 마킹이 있을 법한 곳곳마다 반복하다 보면 어느 순간 그곳에 코를 대지 않게 됩니다.

마지막으로 언제 어디서든 움직이는 모든 대상을 긴장 상태로 오래 주시하도록 방치하면 안 됩니다. 산책길에서나 아파트의 복도, 엘리베이터를 막론하고 언제 어떤 상황에서든 반려견이 눈을 부릅뜨고 몸에 힘을 준상태로 움직이는 대상을 3초 이상 주시하지 못하게 방해하세요! 주시는곧 방어의 시작입니다. 이미 짖고 흥분한 상태에서 여러분이 무엇을 원하는지 알려주기는 어려우므로 경직 상태로 무엇인가를 3초 동안 주시하고있다면, 할 수 있는 모든 수단을 동원해 방해하고 시선을 돌리도록 만든후 다시 걸어야 합니다.

산책에서의 주도행위를 막아 이완된 산책이 가능해진다면, 산책은 하루 한 번을 나가든, 열 번을 나가든 관계없고, 배변 활동 외의 야외 산책은 1주일에 한 번을 나가더라도 문제되지 않습니다. 산책을 주도하도록 만든 잘못으로 산책에서의 불안과 짖음이 만들어지고, 그 불안을 집으로 끌어들여 한 단계 높은 방어 짖음과 분리불안이 만들어집니다.

저에게 행동문제를 상담하는 많은 분들이 하는 질문이 있습니다. "개는 후각활동을 할수록 만족감을 느끼고 스트레스가 줄어든다 들었는데 마킹 냄새를 맡는 걸 좋아하는 개를 맡지 못하게 하면 스트레스 받지 않나요?"라는 질문입니다. 이 질문은 반려인 스스로의 경험에 의한 궁금증이 아니라, 정보와 정보의 충돌에 의한 궁금증입니다. 그 정보가 얼마나 터무니없는 것인지에 관해서는 **'Chapter 6'의 '개는 왜 편안하게 산책하지 못하는가'**, **'Chapter 7'의 '문제는 집에서 시작되고 밖에서 강화된다'**, **'Chapter 8'의 '탐색(산책)을 주도하라(탐색주도권)'**, **'Chapter 9'의 '집 외부를 영역화시키지 마라'**, **'다른 무리와의 불필요한 접촉을 피하라'**를 통해 명확히 설명하고 있습니다.

주도권 확보를 위한 설계

주도권을 확보하는 일은 생각처럼 쉬운 일이 아닙니다. 입양한 지 며칠 되지 않은 햇병아리 강아지일지라도 많은 입양자들이 'Chapter 1~3'에서 설명하고 있는 오류적 상황에 빠지게 됩니다. 어린 강아지에게 훈육보다 접촉을 먼저 가하면서 훈육의 골든타임을 놓치게 되고 입양 후 얼마 지나지 않아 강아지가 일으키는 문제행동들을 경험하게 됩니다.

다 자란 개를 입양하는 경우 입양된 반려견이 어떻게 성장해 왔는지를 알 수 없으므로 문제행동으로 인해 파양된 것으로 간주하고 주도성이 높아져 있는 개를 상대하듯 대응하는 게 좋습니다. 성견이지만 입양가족에 대한 주도성은 확보되지 않은 상태이기 때문에 이전 가정에서 많은 문제가 있었을지라도 새로운 질서를 가르쳐 낼 여지가 충분히 있습니다.

주도권을 확보해 내기 가장 어려운 상대는 가정 내에서 주도권을 완전하게 장악한 대장 같은 반려견입니다. 가족의 의사를 전혀 수용하지 않고, 최상위의 행동인 짖음과 분리불안, 가족 통제, 투쟁 등의 행동을 반복해 온 반려견이라면 온 가족이 똘똘 뭉쳐 시도하더라도 쉽게 포기하지 않기 때문입니다.

드러난 문제행동이 많고 강도가 높을수록 장기적인 계획이 필요합니다. 주도권을 확립하는 일은 급하게 할 일이 아니므로, 괜히 조급한 마음으로 쉽게 생각하고 시도했다가 반려견의 심기만 자극해 전진도 후퇴도 못하는 '진퇴양난'의 사태에 빠질 수 있습니다. 그렇게 되면 훨씬 먼 길을 돌아가게 될 수 있으니 조급한 시도를 삼가기 바랍니다. 어차피 며칠 만에 해결되는 문제행동은 없습니다.

　주도권 교육은 집에서의 교육과 산책에서의 교육으로 나뉘며, 산책에서의 교육은 '탐색주도권'을 세분화한 것입니다. 산책에서의 교육은 집에서의 교육과 별개이지만, 집에서의 주도권 교육 1단계를 시작할 때 산책에서의 주도권 교육 1단계를 동시에 시작하는 것이 좋고 이후 단계는 제시해 놓은 반복기간을 지켜 나가면 됩니다.

집에서의 주도권 교육

① 1단계 : 2주 동안 4대 접촉을 끊음으로써 여러분의 이미지를 쇄신하세요! 이 과정을 거치지 않고는 여러분은 반려견과 주도권 경쟁을 할 준비가 갖추어지지 않으며, 반려견에게 모방의 대상이 되지 못합니다.

무엇이 개를 힘들게 하는가!

'Chapter 7'의 '예뻐하면 문제견이 되는 딜레마, 4대 접촉을 줄여라'를 참조하세요! 최소 2주간 접촉 끊기를 지속했다면, 2단계를 시작하면서 4대 접촉은 낮은 수준으로 가능해집니다.

② 2단계 : 1단계 교육을 마무리한 후 '전망대주도권' 확보를 위해 가족 개개인의 침대와 이불, 매트리스에 대한 점유권을 행사합니다. 사람이 침구나 소파를 사용하고 있을 때 반려견이 그곳에 올라오면 3초 정도 기다렸다 태연히 내려가도록 하면 됩니다. 다시 올라오면 다시 3초를 기다렸다 밀어내리는 식으로 반복하면 되고, 반려견이 그것들에 먼저 올라가 있을 때에도 사람이 옆에 앉은 후 3초 정도 기다렸다 내려가도록 합니다. 이 과정을 10일 동안 반복합니다.

③ 3단계 : 2단계 교육을 10일 동안 반복한 후 2단계를 유지한 채 '공간주도권' 확보를 위해 가족 각자의 방과 주방 요리대를 가족 중 누구라도 사용하고 있다면, 반려견을 다른 공간으로 이동하도록 내보내기를 시도하는데, 그 공간에 사람이 있을 때 들어오지 않거나, 그 공간에 혼자 있다가도 사람이 들어가면 스스로 다른 곳으로 갈 때까지 아주 태연하게 반복해 가야 합니다. 이 과정을 10일 동안 반복합니다.

④ 4단계 : 3단계 교육을 10일 동안 반복한 후 2~3단계 교육을 유지한 채 '먹이주도권'을 확보하기 위해 가족이 강아지의 식사 준비 시 그릇이나 사료 봉투를 만질 때부터 바닥에 내려놓고 다른 곳으로 갈 때까지, 간

식 봉투를 만질 때부터 간식 한두 개를 바닥에 내려놓고 다른 곳으로 갈 때까지, 간식 봉투를 만질 때부터 간식 한두 개를 바닥에 내려놓고 다른 곳으로 갈 때까지, 식탁이나 밥상에 음식을 올려놓았을 때부터 다 먹고 치울 때까지 여러분의 곁에 머물지 못하도록 단호히 멀어지게 만들어야 합니다. 어느 순간 간식을 보여 줘도 멀찌감치 바라만 보고 있게 됩니다. 이 과정을 10일 동안 반복합니다. (음식 앞에서 예민한 반려견이라면 구석방, 베란다, 현관과 중간문 사이에 내려놓고 문 열어 주기를 시도하면 됩니다.)

⑤ 5단계 : 4단계 교육을 10일 동안 반복한 후 2~4단계 교육을 유지한 채 '대면인사주도권'을 확보하기 위해 가족들이 집에 돌아올 때 현관문 앞에 나오거나 기다리지 않도록 해야 합니다. 화장실 앞에서 누군가를 기다린다면 그때에도 문을 나오면서 다른 곳으로 가도록 요구해야 합니다. 단순히 무시하고 모른 체하는 게 아니라, 원치 않음을 명확히 전달해야 합니다. 그러다 보면 어느 순간 가족들이 귀가할 때 현관에서 멀리 떨어진 곳에 머무르고 있게 됩니다. 이 과정을 10일 동안 반복합니다.

⑥ 6단계 : 5단계 교육을 10일 동안 반복한 후 2~5단계 교육을 유지한 채 '간섭주도권'을 확보하기 위해 집 안에서 가족들이 움직이는 동선을 함께하지 못하도록 막아 내야 합니다. 누가 어디로 가든 한 걸음 이내의 거리 안에서 따라오게 되면 단호히 되돌아가도록 요구해야 하며, 한 걸음 이상 떨어져 따라다니거나 멀찍이 바라보고 있는 행동은 상관할 필요 없습니다. 이 과정을 10일 동안 반복합니다.

무엇이 개를 힘들게 하는가!

⑦ 7단계 : 6단계 교육을 10일 동안 반복한 후 2~6단계 교육을 유지한 채 '접촉주도권'을 확보하기 위해 가족이 일정한 곳에 앉아 있거나 서 있거나, 누워 있을 때 30~40cm 이상 떨어져 있도록 해야 합니다. 어느 방향에 있더라도 가족이 머무르는 위치에서 그 정도 거리 이상으로 떨어져 독립적으로 쉬도록 요구해야 합니다. 이 과정을 10일 동안 반복한 후 집 안에서의 모든 주도권 교육을 마무리합니다. (6단계와 7단계를 수행함에 있어 지나치게 과민반응이 나타난다면, 두 단계를 하나로 합해 '없는 셈 치기' 방식을 적용하면 됩니다.)

산책에서의 주도권 교육

① 1단계 : 산책을 나설 때와 집으로 돌아올 때 만나게 되는 모든 문 앞에서 반려견이 먼저 앞서지 못하도록 하는데, 리드줄을 채우고 중문 앞에 섰을 때 반려견이 사람의 다리보다 조금이라도 앞서 있다면 뒤로 물러서도록 만듭니다. 그런 후 문을 살짝 열었을 때 먼저 나가려는 행동이 있다면 문을 닫고 다시 뒤로 물러서도록 하기를 반복합니다. 문을 절반 정도 열어도 뛰쳐나가려는 행동이 없다면, 사람이 먼저 발을 내딛고 따라오도록 합니다. 이 규칙은 중문, 현관문, 엘리베이터 문을 드나들 때 동일하게 적용합니다. 이 과정을 10일 동안 반복합니다.

② 2단계 : 1단계 교육을 10일 동안 반복한 후 그 다음날 산책을 나갈 때부터는 1단계 교육을 유지한 채 언제, 어디서든 사람이 정지하면 옆에 차분히 앉아 있도록 가르칩니다. 정지는 엘리베이터를 기다릴 때, 길을

걷다 의도적으로 섰을 때를 말하는데, 산책길을 걷는 중에는 5분에 한 번씩 정지한 후 앉도록 해야 합니다. 이 과정을 10일 동안 반복합니다.

③ 3단계 : 2단계 교육을 10일 동안 반복한 후 그다음 날 산책을 나갈 때부터는 1, 2단계 교육을 유지한 채 길에서 끌어당기는 행동을 하지 않도록 가르칩니다. 줄이 3초 이상 당겨질 때마다 반려견의 정면을 몸으로 가로막아 정지시킨 후 뒤로 두세 걸음 물러서도록 밀어 주고 다시 천천히 걷습니다. 막아 세울 때마다 "천천히!"라는 구령을 단호하게 전달합니다. 이 과정을 10일 동안 반복합니다.

④ 4단계 : 3단계 교육을 10일 동안 반복한 후 그 다음 날 산책을 나갈 때부터는 1~3단계 교육을 유지한 채 다른 개의 마킹을 찾지 않도록 가르칩니다. 반려견이 전신주나 기둥, 벽면 모퉁이, 돌, 솟아 있는 풀 등 다른 개의 마킹이 있는 곳에 코를 대는 순간 다리로 얼굴 부위를 밀어 주며 걸어 버립니다. 이 과정을 10일 동안 반복합니다.

⑤ 5단계 : 4단계 교육을 10일 동안 반복한 후 그다음 날 산책을 나갈 때부터는 1~4단계 교육을 유지한 채 산책길에서 만나게 되는 모든 대상들에 대해 경계적 시선을 유지하지 않도록 가르칩니다. 사람, 개, 고양이, 새, 이동수단 등을 보고 귀나 몸에 힘을 주고 응시하는 행동이 3초 이상 유지될 때 몸으로 반려견의 정면을 막아 세운 뒤 뒤로 두세 걸음 물러서도록 밀어 주고는 아무 일 없다는 듯 걷습니다. 이 과정을 10일 동안

무엇이 개를 힘들게 하는가!

반복한 후 산책에서의 모든 주도권 교육을 마무리합니다. (다른 개나 사람에 대한 배타성이 높아 감당하기 힘든 반려견의 경우, 리드줄을 최대한 목 가까이 짧게 잡고 동요하지 않는 당당한 느낌으로 끌고 지나쳐야 하는데, 되도록 상대들과의 거리를 벌린 상태로 시도하는 게 좋습니다.)

각 단계에 제시되어 있는 반복기간은 주도권을 확보하는 데 필요한 최소 기간이므로, 반려견에게 강화된 문제행동이 나타나고 있거나 잘 받아들이지 않는 경우라면, 반복기간을 늘리는 것도 고려해 볼 사항입니다.

저는 반려견 행동교육에서 '주도권'이라는 용어를 처음 사용하였고, 주도권이 반려견의 삶에서 행복과 불행을 결정짓는 결정적인 요인임을 처음으로 주창한 사람이며, 주도권을 확보해 내는 '행동이론'을 창안한 사람이지만, 여러분에게 더 쉽고 빠른 방법을 제시할 수 없습니다. 그보다 더 급하게 시도되는 모든 방식과 과정들은 결코 좋은 결과를 가져오지 못하기 때문입니다.

Chapter 9.
조금만 더 자연에 가깝게 살게 하라

개로서의 탐색과 먹이활동을 보장하라

 반려견들에게 풀과 흙에서 냄새를 찾도록 하는 일은 그들의 삶에서 매우 중요한 두 가지 탐색활동 중 하나인 '먹이 탐색'을 보장하기 위함입니다. 사람과 살아가는 반려견들에게 가장 결핍되어 있는 활동이 먹이 탐색이기도 합니다.

'먹이 탐색'은 또 다른 탐색 활동인 '침입자 탐색'과 완전히 다른 의미를 가지지만, 이 두 가지는 따로 일어나는 것이 아닌, 연결되어 일어나는 활동이다 보니 대부분의 반려견들도 산책에서 이 두 가지를 동시에 시도하려 하지만, 반려견들에게 집 밖에서의 자기 고유영역은 존재하지 않으므로, '침입자 탐색'을 포기하고 '먹이 탐색'에 집중하도록 만들어 주는 일은 매우 중요합니다. '침입자 탐색'이 개들의 삶에 얼마나 심각한 문제를 일으키게 되는지에 관해 이어지는 주제인 **'집 외부를 영역화시키지 마라'**에서 설명하고 있습니다.

개들은 고양잇과 동물과는 달리 '매복'이 아닌, '추격' 형태의 사냥법을 사용하는데, 개들이 가지고 있는 신체구조가 단숨에 상대를 추포하거나 제압하기 어려운 이유 때문입니다. 갯과 동물들은 사냥감의 숨통을 단번에 끊어 낼 수 없어 죽을 때까지 물고 당기고 흔드는 방식으로 쇼크사 하도록 만듭니다. 개들이 덩치 큰 동물을 사냥하기 위해 강구할 수 있는 유일한 방법은 무리를 구성하는 것이고, 무리를 이룬 개들은 하루도 빠짐없이 추격을 통한 야외 활동을 이어 갑니다. 우리가 개들에게 제공해야 하는 것이 바로 이 먹이 탐색과 추격에 의한 신체활동입니다.

이 활동들을 제공하기 위해 꼭 들이나 산을 헤매고 다닐 필요는 없습니다. 먹이 사냥을 위한 탐색과 추격이라는 두 가지 신체활동의 형태만 제공되면 반려견들에게는 조상들이 해 왔던 고유의 활동이 이어져 가는 것입니다. 반려견들의 짖음과 공격성 등의 행동문제가 반복될수록 스트레스는 높아지게 되고, 높아진 스트레스의 배출구가 제공되지 않게 되면 인간과 살아가는 개들은 자연에서 살아가는 개들이 보이지 않는 이상행동을 나타내게 됩니다. 바로 이 점이 여러분이 반려견들에게 탐색과 추격 형태의 신체활동을 보장해야 하는 이유입니다.

어떤 이들은 소형견을 기른다는 이유로 굳이 많은 신체활동이 필요하지 않을 거라 생각하거나, 소형견은 대형견과 달리 추격활동이 필요하지 않을 거라 여기기도 합니다. 어쩌면 하얗고 뽀송하게 꾸며진 강아지가 풀밭에서 킁킁거리는 모습을 원치 않을 수도 있습니다. 소형견도 개로 살아가고 대형견도 개로 살아갑니다. 활동 반경의 차이나 신체활동에 필요한 운동량의 차이는 있을지라도, 소형견의 사냥법 역시 바닥 냄새와 공기 중 부유취 탐색에 이은 뒤를 쫓는 '추격'임을 알아야 합니다.

반려견을 산책시킬 때의 신체활동 형태와 자연의 개들이 먹이 탐색과 추격할 때의 신체활동이 흡사할수록 산책은 반려견들의 정신을 맑고 개운하게 해 줄 것이지만, 상반된 형태의 산책을 하고 있다면, 반려견의 정신은 하루하루 큰 스트레스를 입게 됩니다. 먹이 탐색과 먹이 추격에 반대되는 활동인 다른 세력의 확인에만 몰두하는 '방어 산책'을 하게 되면 불안, 초조, 강박, 홍분이 높아지게 되고 산책을 두려워하게 됩니다. 1일 1산책이니, 3산책이니 하는 겉치레 형식에 빠지지 말고, 매일이 불가능하다면 1주일에 단 하루라도 괜찮으니 먹이 탐색과 추격에 동반되는 신체활동을 하도록 해 주세요! 광활한 초원이나 대지가 없어도 여러분이 매일 산책하는 산책로나 놀이터에서도 얼마든 가능한 일입니다.

'노즈워크'란, 개들이 먹이동물과 그에 관련된 미생물을 쫓는 탐색활동을 의미하는 것이지, 집 안에서 이상한 도구들에 간식을 숨겨 두고 찾게 하는 놀이가 아닙니다. 노주워크는 곧 먹이 탐색을 의미하는 것이며, 풀이나 흙이 있는 곳이면 어디든 상관없습니다.

산책 때마다 풀밭과 흙바닥에서 간식을 주워 먹게 하다 보면 어느 순간부터는 간식을 던져 놓지 않아도 그곳을 탐색하게 되고, 더 이후에는 등을 비벼 대거나 땅을 파는 행동을 보이게 됩니다. 이런 행동을 자주 보일수록 자연환경에서의 냄새 맡기가 익숙해졌음을 의미하는데, 때때로 아주 넓은 공원에서 풀밭 몇 군데에 간식을 숨겨 두고 반려견이 넓은 반경을 탐색하도록 유도하는 것도 매우 좋습니다. 탐색활동이 거듭될수록 던져 놓거나 숨겨 놓는 간식의 양을 줄여 가면 되는데, 나중에는 아주 넓은 공원에서 작은 간식 몇 개만으로도 넓은 풀밭을 탐색할 수 있게 됩니다. 긴장으로 인해 집 밖에서 간식을 먹지 못하는 반려견이라면, 사료 급여량을 평소의 절반으로 줄여 공복감을 높여 주면 됩니다. 며칠이 지나 간식을 먹을 수 있게 되면 사료는 평소만큼 급여해도 됩니다.

결국, 먹이동물이 남겨 놓은 미생물을 탐색하는 활동이 간식을 찾는 형태로 변환되었지만, 동일한 형태의 신체활동이 일어나도록 도운 것입니다. 야외에서의 먹이 탐색 활동을 제공할 때에 주의해야 할 부분은 풀밭이나 흙바닥에 제초제나 살충제가 살포되지 않았는지의 여부와 개가 먹으면 안 되는 음식이나, 비료 등이 뿌려져 있지 않은지를 확인하는 일입니다. 제초제, 살충제, 비료 등은 개들에게 급성 중독을 일으켜 위험을 초래할 수 있으므로 봄과 여름철에는 구청이나 시설관리처에 살포 유무를 정기적으로 확인할 필요가 있습니다.

이제 먹이 탐색에 이은 '추격'이라는 신체활동은 어떻게 해야 하는지 알아보겠습니다. 개들이 먹잇감을 찾을 때 처음 하는 신체활동이 바닥의 냄새 탐색인데, 이 탐색의 과정에서는 걸음이 여유 있고, 안정적인 'walking'입니다. 하지만, 먹잇감이 정해지고 그 먹잇감이 빠르게 쫓아야 할 거리에 있다면 '추격'이 시작되고 무리는 한곳을 향해 빠른 걸음으로 이동하게 되는데, 이때 동원되는 개들의 걸음걸이가 바로 'Trotting', 즉 '빠른 걸음'

입니다. 근접 거리에서의 포획을 위한 걸음걸이는 'Running(달리기)'으로 변경됩니다.

　여기서 주의 깊게 생각해야 할 것은 바닥 냄새를 확인할 때의 걸음걸이인 'Walking(걷기)', 추격 과정에서의 'Trotting(빠른 걸음)', 먹이동물 포획 직전의 'running(달리기)' 중 어느 것이 반려견들에게 가장 많이 제공되어야 자연의 신체활동에 근접한 에너지 소진이 일어나는가입니다. 단연, 'Trotting(빠른 길음)'입니다. 개들의 자연활농에서 가장 많이, 가장 오랫동안 사용되며 생존을 위한 가장 중요한 걸음이 '빠른 걸음'입니다. '매복'이 아닌, '추격'을 사냥수단으로 사용하는 개들에게 지치지 않고 오랫동안 먹잇감을 추격하는 일은 매우 중요한 능력이며, 이 개들의 생존수단이 여러분 반려견에게 적절히 제공될 수 있다면 놀라울 정도의 안정감과 의젓함을 경험하게 될 것입니다.

　대형견을 기르는 사람이라면 가볍게 달리거나, 퀵보드, 자전거 등의 이동수단을 활용하면 되고 소형견을 기르는 사람이라면 조금 빠르게 걷기만 하면 됩니다. 반려견이 나태하지 않고 우왕좌왕하지 않으며 빠른 걸음으로 전진하도록 하는 산책을 풀밭에서의 먹이 탐색 이후에 연결하면 됩니다. 이 활동들은 매일 하지 않아도 되지만, 여러분의 반려견에게 강박적인 행동이 나타나고 있다면 되도록 자주 반복해 주는 게 좋습니다.

　여러분 반려견들은 매일 똑같은 산책, 강아지운동장이나 유치원에서의 놀이를 운동의 전부로 살고 있지는 않습니까? 그런 활동들은 자연에서의

무엇이 개를 힘들게 하는가!

신체활동과는 달리 부자연스럽기 때문에 반복하면 할수록 이완이 아닌, 긴장과 흥분이라는 정서적 불안정을 가져오게 됩니다. 빠른 걸음으로 하는 산책이 힘들다면 때때로 벤치나 풀밭에 앉아 쉬었다 다시 걸으면 됩니다. 반려견이 산책에서의 흥분, 끌어당김, 짖음, 공포반응을 보이고 있다면, 이 산책은 매우 유효하며, 그런 행동들이 완화된 이후부터는 아주 이따금 제공해도 괜찮습니다.

다만, 고립불안에 걸린 개들 중 낯선 개나 사람, 자동차, 굉음 등을 두려워하여 도주하듯 불안하게 걷는 경우와 이사 후 새로운 환경에서 산책하는 개들이라면 한동안은 집에서 편도 5~10분 이내의 거리 내에서만 느리게 산책하기를 통해 불안감을 줄여 놓은 후 본격적인 탐색활동을 시작하는 것이 좋습니다.

먹이 탐색활동 방법을 정리해 보자면, 산책을 위해 집을 나서 처음 걸을 때부터 풀밭이나 흙이 펼쳐져 있는 곳까지는 매우 천천히 안정적으로 이동하고 그곳에 도착한 후 적당한 넓이에 작은 간식을 여러 개 뿌려 놓은 후 반려견 스스로 찾아 먹게 합니다. 충분히 찾아 먹은 후부터는 다음에 나타나는 풀밭까지 빠른 걸음으로 이동합니다. '파워워킹' 정도의 속도 또는 그 이상이면 됩니다. 풀밭에서의 간식을 이용한 먹이 탐색은 한 군데만 해도 무방하지만, 서너 군데를 정해 이동하며 할 수 있다면 더 좋습니다.

한 군데의 풀밭만 활용할 경우, 집에 돌아오는 길에 다시 그곳에 들러 탐색활동을 반복하고 오면 되고, 여러 군데의 풀밭을 활용할 경우에도 처음의 탐색위치로 돌아와 반복하고 마무리하면 됩니다. 이렇게 먹이 탐색은 처음의 풀밭이 곧 마지막 풀밭이 되는데, 처음이자 마지막 풀밭에서의 탐색이 마무리되었다면, 그때부터는 집을 나설 때와 마찬가지로 아주 태연하게 천천히 걸어 집으로 돌아오면 됩니다.

　반려견이나 반려인의 건강이 여의치 않을 경우 산책은 처음부터 끝까지 느린 걸음으로 유지해도 되며, '느린 걸음'은 운동할 때의 걸음이 아닌, 경치를 구경하며 걷는 정도로 느리게 걷는 것을 의미합니다. 또한, 관절이나 심장, 호흡기, 시각적 문제가 있는 반려견이라면 풀밭까지 안고 가거나 유모차를 이용해 이동하는 것도 괜찮습니다. 위의 실천내용들은 **'Chapter 8'**의 **'탐색(산책)을 주도하라(탐색주도권)'**에서 제시된 탐색주도권을 확보한 뒤 시작하면 됩니다.

무엇이 개를 힘들게 하는가!

집 외부를 영역화시키지 마라

집을 떠난 반려견에게 '자기영역'이란 존재하지 않습니다. '영역'이란, 다른 개들로부터 방어 가능한 무리의 세력권을 의미하는 것이지, 다리 들고 마킹하는 모든 곳을 의미하는 것이 아닙니다. 여러분의 반려견이 크게 착각하는 게 있습니다. 외부 공간을 적으로부터 지킬 수 있을 거라는 이상한 생각이죠! 현관문을 나설 때부터 눈에 띄는 모든 개와 사람들에게 맹렬히 짖어 대는 개는 누구의 영역에서 누구를 제압하려는 것인가요?

여러분들도 동물 다큐멘터리를 통해 세렝게티에서 살아가는 수사자들의 삶을 알고 있을 겁니다. 무리를 지키는 책임자로서 가장 중요한 일과는 다른 수사자들의 침입을 막기 위해 순찰하고 쫓아내는 것입니다. 나무와 솟은 풀, 바위 등을 돌며 다른 수사자들의 마킹이 있는지를 확인하고, 자신의 마킹을 통해 자기 세력권임을 드러냅니다.

침입자를 발견하게 되면 영역에서 쫓아내려 사력을 다해 투쟁하는 일상이 왠지 익숙하지 않은가요? 여러분의 반려견이 산책 나가 다른 개의 마킹을 찾아 헤매고 그것을 자기 오줌으로 덮어 놓으려 애쓰고, 길에서 만난 낯선 개에게 맹렬히 짖고 덤벼드는 이유가 수사자와 똑같은 방어활동입니다. 새끼와 암사자를 무리 구성원으로 하는 무리의 대장인 수사자처럼, 여러분을 구성원으로 하는 무리의 대장으로 살아가기 때문입니다. 신나게 친구를 찾는 게 아니라, 불안하게 침입자를 찾는 것입니다.

반려견을 산책시키는 것은 부자연스러운 활동입니다. 수백, 수천의 개들이 장악한 영역을 활보하는 것은 개들의 입장에서는 생명이 위태로워질 수 있는 위험한 행동이기 때문입니다. 참고로 말하자면, 온전한 자기 영역인 집 안에서 주변의 다른 개가 짖는 소리를 듣는 것도 아주 큰 스트레스를 가하는 부자연스러운 일입니다.

우리와 살아가는 반려견들이라고 해서 야생의 개들과 다른 습성을 가지고 살아가는 것은 아니다 보니 영역의 경계에 대해 신경 쓸 수밖에 없음은 분명한데, 반려견들이 도무지 이해할 수 없는 것이 바로, '자기영역'과 '다른 무리의 영역'이 겹쳐 있는 문제입니다. 개들의 습성에서 이런 일은 있을 수 없는 것이고, 그 문제를 극복하지 못해 투쟁, 도주, 은둔 등의 생존방식을 나타내게 됩니다.

'투쟁'을 선택하는 개들의 경우, '무리가 규칙적으로 이동하는 공간은 자기영역이다'라는 생각을 합니다. 이런 개들은 산책길에서 다른 개의 침범을 확인하기 위해 기둥이나 돌, 벽의 모퉁이 등에서 낯선 개들의 규모와 상태를 확인하는 일을 중요하게 생각합니다. 자기 세력권을 방어하기 위해서는 침입자들의 정보를 면밀히 파악하는 것이 가장 중요한 일이기 때문에 집에 돌아올 때까지 마킹 확인을 멈추지 않을 확률이 높습니다.

방어를 염두하고 산책을 하는 관계로 낯선 개와 마주치게 되면 그 개를 몰아내기 위해 공격적인 행동을 나타냅니다. 흥분된 짖기와 공격 등은 자기영역을 지키기 위한 최고 단계의 방어행동입니다. 그러므로, 산책을 나

무엇이 개를 힘들게 하는가!

가면 나갈수록 다른 개의 마킹에 집착하고, 자신의 배설물을 이용해 그것을 덮어 버리려 애씁니다.

'도주'를 선택하는 개들의 경우, 다른 개들의 마킹이 존재하고, 개들의 움직임이 확인된다면 그곳은 다른 무리의 영역이라 생각을 합니다. 이 개들은 그 공간을 아주 빠르게 벗어나야 한다고 생각하기 때문에 매우 불안한 모습을 보이거나, 앞만 보고 질주하듯 빠르게 걷는 모습을 보입니다. 이는 다른 무리의 영역을 침범하면 무리의 주인들에게 추격당할 거란 두려움의 표현이며, 실제 야생에서는 이런 문제로 인해 공격받거나 죽게 되는 경우도 발생합니다. 그렇기 때문에 자기 흔적조차 남기지 못하고 집에 돌아와서야 배변하는 경우가 많습니다.

'은둔'을 선택하는 개들은 자신이 이동하는 어디엔가 다른 무리들이 매복하고 있을지도 모른다는 두려움에 의해 특별한 일이 없음에도 '낑낑'거리며 걷거나, 일정 구간에서 걷기를 거부하는 행동을 보이기도 하는데, 이 개들에게는 믿고 의지할 만한 든든한 가족이 하나도 없기 때문에 투쟁도 도주도 불가능할거란 공포심이 내재되어 있습니다.

'투쟁'을 선택하는 개들에게서 짖음을 주로 사용하는 '분리불안'이 잘 나타나고, '도주', '은둔'을 선택하는 개들에게서 '고립불안'의 문제가 잘 나타나게 되는데, 이는 모두 외부 공간에서의 두려움이 영향을 끼치는 것이고, 그 두려움의 중심에 집 밖에서 만나게 되는 낯선 개들이 있습니다.

외부 환경을 자기영역화하며 살아온 개는 그 환경을 매일 순찰하더라도 완전히 안전한 곳으로 만들 수 없음을 알기 때문에 외부 공간에서 가족에 대한 집착증을 보이게 되는데, 산책 중 가족 한 사람이 몇 걸음을 앞서거나 뒤쳐져 걷게 되면 멀어진 가족에게 악착같이 쫓아 붙으려 하고 이것이 불가능해지면 짖음과 비명을 지르기도 합니다. 또, 자동차 안에 잠시 혼자 남겨 두거나, 마트나 편의점 앞에 반려견을 묶어 두고 물 한 병을 사러 들어갔을 때 짖고 소리 지르는 것도 외부 영역을 자기영역화하려 애쓰는 타입의 개들에게서 나타나는 행동입니다.

외부 환경에서 가족과 이격되는 걸 참지 못하는 이유는 무리가 분산되면 외부 적들을 제대로 상대하지 못할 거라는 불안함 때문입니다. 산책을 시작하는 시기부터 외부 환경을 자기영역화하려는 행동들을 막아줬어야 함에도 다른 개의 마킹 찾기나 지나가는 개들마다 인사하라며 데려간 행동이 반려견의 정신을 복잡하게 만들어 버린 겁니다.

직업병인지 모르겠지만, 길을 가다 스쳐가는 개들을 볼 때마다 세상을 얼마나 편안하게 살아가는지, 얼마나 힘들게 살아가는지가 파노라마처럼 떠올라 마음속으로 웃다 울다를 반복하게 됩니다. 제발, 개들이 산책길에서 영역의식을 일으키지 않도록 최선을 다해 막아 주세요! '영역의식'은 다른 개의 침입 표식인 마킹을 찾지 않도록 해 주는 것, 낯선 개와 근접거리에 머물거나 접촉하지 않도록 해 주는 것, 다른 개들이 모여 있는 공간에 데려가지 않는 것으로 약화시켜 낼 수 있으며, 더 큰 효과를 거두기 위해 여러분은 믿고 의지할 만한 강단 있는 리더 또는 어미가 되어야 합니다.

무엇이 개를 힘들게 하는가!

개들의 사회성을 기르는 방법은 사춘기 기간 동안 다른 개를 접하게 하는 게 아니라, 사춘기 기간 동안 다른 개를 의식하지 않도록 막아 주는 것임을 명심하십시오! 다 자란 성견이나, 이미 심각한 행동문제를 겪고 있는 반려견들에게는 'Chapter 8'에서 소개한 '탐색주도권'을 확보하는 방법을 적용하면 됩니다.

규칙적인 습관을 깨부수고 불규칙에 익숙하게 만들어라

사람들은 항상 규칙적으로 생활하는 것이 좋다는 생각을 가지고 있습니다. 식사도 일정한 시간에 하고, 잠도 일정한 시간에 자는 게 좋다고 말이죠! 하지만, 그 규칙이 여러분이 원해서 만들고 지켜 가고 있는 것입니까? 아니면, 또 다른 큰 규칙의 틀에 맞추기 위해 지켜 가고 있는 것입니까? 그 규칙적인 생활에 맞추기 위해 여러분은 시간에 쫓기거나 마음이 불안해진 적이 없는지요?

'규칙적인 삶'은 여러분이 어떤 사회구조에서 생활하고 있는지에 따라 그 정도와 의미가 다릅니다. 규칙적인 삶을 강조하고, 그것을 지켜야 하는 환경에서 살아가는 사람이라면 큰 스트레스가 유발되는 사회적 집단에 속해 있을 것이 분명합니다. 반면, 정형적인 스케줄을 따를 필요가 없는 상황에서 살아가는 사람이라면, 정신적으로 매우 자유로운 상태로 살아가고 있을 겁니다.

규칙적인 생활에 맞추며 살아가는 사람은 다른 사람을 신경 쓰고 의식하며 하루를 보내는 사람입니다. 규칙이 필요한 삶, 정형적으로 짜인 생활은 겉으로는 깔끔하고 활력적으로 보이겠지만, 인간으로서 사회적 활동을 하는 데 필요한 피할 수 없는 삶의 방식일 뿐입니다.

하지만, 자연은 개들에게 그런 규칙적인 삶은 필요하지 않습니다. 잠이 깨면 눈을 뜨면 되고, 바깥이 궁금하면 탐색을 나가면 되고, 배가 고프면 사냥을 나가면 됩니다. 할 일이 없으면 누워 쉬거나 잠을 자면 됩니다. 개는 인간과는 달리 시계를 필요로 하지 않는 삶을 살아갑니다.

자연의 개들과는 달리 사람과 살아가는 반려견은 사람이 만들어 놓은 규칙적인 삶에 맞춰 살아갑니다. 자신도 모르는 사이에 덩달아 규칙적인

무엇이 개를 힘들게 하는가!

생활을 하게 된 것이죠! 일정한 시간에 잠에서 깨고 일정한 시간에 식사를 하고, 일정한 시간에 산책을 나가고, 일정한 시간이 되면 잠자리에 들어야 합니다.

규칙적인 습관, 정해진 틀에 맞춰 가는 생활은 기대에 의한 흥분과 예측에 의한 긴장을 유발합니다. 무엇을 해야 할지 미리 생각하고 빠르게 반응할 준비를 갖추기 때문입니다. 매번 정해진 시간에 산책을 나가게 되면 집 안에서부터 흥분과 긴장을 장착한 채 나서기 때문에 얼마 지나지 않아 배변하게 됩니다. 혹시나 모를 사태에 대비해 빠르게 장을 비워 도주나 전투태세를 갖추려는 목적과 자신의 분변 냄새를 풍겨 영역적으로 자신에게 유리한 입지를 구축하려는 의도입니다.

반려견들이 시간에 길들여져 생활하도록 만들 필요가 있을까요? 정해진 틀에 속박되지 않고 살아가는 갯과 동물의 습성에 비춰 보자면 규칙적인 생활로 인해 받게 될 스트레스는 인간이 받는 것에 비해 훨씬 높을 것이 분명합니다. 그러니, 다른 사람들이 만들어 놓은 반려견 양육시계의 틀에 여러분과 반려견을 가둬 두지 마세요!

실내 배변을 시키지 않는 문화권에서 1일 3회 이상의 산책은 매우 중요한 일상입니다. 배설이라는 동물의 기본적인 욕구를 해소시켜 주지 않는 것은 먹이를 제공하지 않는 것만큼이나 심각한 방치이기 때문입니다. 하지만, 실내 배변이 일상화된 문화권에서 1일 3산책은 전혀 다른 의미를 가집니다. 만약, 산책을 나간 개가 차분하고 평화로운 발걸음을 보인다면 충분히 의미 있는 산책이겠지만, 매우 조급하고 불안정한 상태를 보인다면 틀에 맞춰진 산책은 개의 정신건강에 해롭게 작용한 것입니다.

반려견은 여러분과 함께 학교를 가거나 출근을 하지 않아도 되기 때문에 식사와 산책에서의 약간의 변화만으로도 짜 맞춰진 틀에서 벗어날 수 있으니, 다음에서 제안하는 방법을 한 달간만 반복해 보세요! 아마, 여태껏 보지 못했던 반려견의 태연하고 안정된 모습을 보게 될 겁니다.

식사

아침 7시에 식사를 한다 해서 반려견에게도 7시에 밥을 주지 않아도 됩니다. 잠에서 일어나자마자 줄 수도 있고, 아침식사를 할 때 줄 수도 있고, 식사를 마치고 줄 수도 있고, 출근하면서 줄 수도 있습니다. 처음에는 달라진 급여시간에 어리둥절해하고 조급한 모습을 보이겠지만, 점차 안정적인 행동을 보이게 됩니다.

점심이나 저녁식사를 제공할 때에는 급여시간을 1시간 이상 당겼다 늦췄다 불규칙하게 해 주는 게 좋은데, 매번 사료를 남기거나 비만인 상태라면 이따금씩 한 끼를 거르게 하는 것도 나쁘지 않습니다,

만약, 너무 먹지 않아 건강에 문제가 될 지경이라면, 식사량을 끼니때마다 아주 적은 양과, 정상적인 양을 번갈아 제공하면서 10분이 지나도 남아 있는 사료는 치워 버리는 게 좋습니다. 손으로 떠먹여도 먹지 않는 반려견의 밥을 빼앗는 것이 걱정되겠지만, 불규칙한 식사를 제공하는 것만

무엇이 개를 힘들게 하는가!

으로도 먹이 욕구가 높아지게 되어 걱정을 덜게 될 것입니다.

산책

매일 아침 같은 시간에 산책을 나갔었다면, 두 가지의 방식으로 틀을 깨줄 수 있습니다. 아침 7시에 산책을 나간 경우, 출발시간을 10분에서 20분 정도 당겼다 늦췄다 탄력적으로 시간을 바꿔 나가면 됩니다. 어떤 날은 6시 50분에 나가고, 다른 날은 7시 10분에 나가는 정도의 변화만으로도 틀은 깨지고 산책 나가기 전의 흥분은 줄어들게 됩니다. 시간적 여유가 있는 경우라면 30분에서 1시간 이상 당겼다 늦췄다를 반복하면 더 좋습니다.

또 하나 추가할 것은 산책량의 조절인데, 매일 아침 최대 30분의 산책을 해 왔다면, 10분에서 30분 사이를 불규칙하게 하고 돌아오면 됩니다. 오늘은 10분, 내일은 30분, 모레는 15분 산책하는 방식으로 일정한 양의 산책에 의해 유발되던 흥분스트레스를 줄여 줄 수 있습니다. 평균 1시간 정도 산책하는 경우라면, 30분에서 1시간 30분 사이를 불규칙하게 산책하면 됩니다. 매일 여러 번의 산책을 해 온 경우라면, 산책 나가는 시간을 1시간 이상 당겼다 늦췄다 해 주면 좋고 산책하는 시간도 더 큰 폭으로 줄였다 늘렸다 하는 것이 좋습니다.

산책의 속도 또한 불규칙하게 적용되는 것이 좋은데, '**Chapter 9**'의 '**개로서의 탐색과 먹이활동을 보장하라**'에서 소개하고 있는 먹이 탐색이 포함된 이동속도로 걸어도 되고, 아침 바쁜 시간의 산책이라면 집에서 5분 정도의 거리까지는 느린 걸음으로 걷는 것을 기본으로 하되, 그 이후의

산책에서는 아주 **빠르게** 걷기, 천천히 걷기, 아주 천천히 걷기, 보통 걸음
으로 걷기로 불규칙하게 걸어 주면 좋습니다.

 '규칙적인 생활'은 개들이 원한 게 아니라, 인간 세상의 틀에 억지로 맞
춰진 생활입니다. '규칙적인 생활'은 은신처에서 이완하며 살아가는 개들
의 모습과 정반대의 경직 상태를 오래 유지하게 만듭니다, 게으른 개로
살아가도록 만드세요! 바쁘고 틀에 맞춰진 기계 같은 생활은 인간끼리만
해도 됩니다.

무엇이 개를 힘들게 하는가!

충분한 휴식을 제공하라

'휴식'은 수면 중 이완과 활동 상태에서의 이완을 의미합니다. 휴식하지 않는 동물의 정신은 불안정해지고, 몸을 이완시키는 시간이 적을수록 정신적 휴식이 부족하게 됩니다. 개들에게 이 두 가지의 휴식이 제대로 이루어지고 있는지를 살펴보는 것은 반려견들이 행복한 삶을 살고 있는지에 관한 하나의 근거가 될 것입니다.

뇌가 활성화되어 있는 수면 상태를 '램수면' 상태라 하고, 뇌가 휴식에 들어가 있는 상태를 '비램수면' 상태라 합니다. 인간의 수면에서 '비램수면'이 80% 정도이고, '램수면'이 20% 정도의 비율로 유지되는 데 반해 개들의 수면은 '비램수면'이 20% 정도이고, '램수면'이 80% 정도로 사람과 정반대의 비율을 유지하는 것으로 알려져 있습니다.

'램수면'의 비율이 높을수록 사람이나 개나 꿈을 꾸고 잠꼬대를 하는 얕은 잠을 자게 되어 잠의 순기능인 정신과 육체의 휴식에 문제가 일어납니다. 사람의 경우 '램수면'의 비율이 정상수준 이상으로 높아지게 되는 것을 '수면장애'라 부릅니다.

인간의 수면장애는 여러 가지 원인에 의해 나타날 수 있지만, 인간의 수면장애나 개의 수면장애에 가장 큰 영향을 미치는 것은 스트레스에 의한 긴장입니다. 신경이 예민할수록 수면장애를 겪을 확률이 높고, 일상에서의 걱정거리가 되풀이되거나 해결되지 않을 때 수면장애가 잘 일어난다는 것만 보더라도 수면의 질은 스트레스와 밀접한 연관이 있음을 알 수 있습니다.

수면을 제대로 취하지 못하는 사람이 활동시간 중 몸과 정신을 이완시키고 있을 가능성은 낮을 것입니다. 숙면을 취하지 못하는 개들도 활동시간 중 몸과 정신이 이완되어 있을 가능성은 적을 것입니다. 그러므로, 잠을 자는 동안의 휴식과 활동시간 중의 휴식은 비례하는 것이고 서로 연동되는 것입니다.

사람이 개에 비해 '램수면'의 비율이 적은 이유는 안전한 주거구조에 있습니다. 콘크리트 벽으로 둘러싸인 안전한 구조에서 생활하고, 적들로부터 자신들을 지켜 낼 든든한 조력자들과 집단을 이루고 살아가기 때문입니다. 램수면과 비램수면의 비율은 유전자의 영향을 받을 수는 있을지라도, 가족과 함께 지내는 사람과 혼자 지내는 사람의 수면의 질은 생각해 보지 않아도 크게 차이 남을 알 수 있습니다. '안전'과 '방어'라는 걱정에 의해 혼자 생활하는 사람의 수면에서는 '램수면'의 비율이 높아질 수밖에 없습니다.

'안전'한 거주환경은 인간에게 '숙면'이라는 선물을 주었습니다. 하지만, 이상하게도 우리와 동일한 거주환경에서 가족과 함께 잠드는 반려견들은 여전히 숙면을 취하지 못하고 선잠을 잡니다. 개들은 인간만큼이나 환경 적응이 빠른 동물임에도 왜 집 안에서 편히 쉬거나 잠들지 못하는 것일까요? 개들은 여전히 동물의 세계에서 survival 상태로 살아가고 있기 때문입니다.

여러분과 실내에서 살아가는 반려견들은 대형 고양잇과 동물들로부터 위협받을 일이 없음에도 시베리아 산골마을에서 살아가는 개들보다 더 숙면하지 못하는 이유가 있습니다. 표범과 호랑이보다 훨씬 더 많은 적들이 주위를 에워싸고 있기 때문입니다. 그 적들은 바로, 다른 가정들에서 살아가는 수많은 반려견들이며 경우에 따라 낯선 사람들도 포함됩니다. 이 점은 매우 안타까운 부분이며, 개들이 인간 세상에서 살아가면서 높은 행복감을 누릴 수 없는 결정적인 이유이기도 합니다.

'친구'가 아닌, '적'이라는 개념은 개들의 휴식에도 유효하게 적용됩니다. 반려견들은 인간들이 동네를 만들고 도시를 건설해 동족 간 협력체계를 구축하는 것과는 달리, 다른 가정의 개들과 협력체계를 만들어 내지 못합니다. 그들에게는 세상을 살아가는 데 협력하고 의지해야 할 대상이 가족으로 한정되기 때문입니다. 개들은 무리를 이루고 있는 상태에서는 절대 다른 협력관계를 만들지 않습니다.

이것이 낮에도 밤에도 개들이 휴식하지 못하는 이유입니다. 개들의 폐쇄적 무리 습성이 무리 구성원 외의 다른 모든 개들을 경쟁자로 인식시키고 '친구'가 아닌, 잠재적 '적'으로 간주시킵니다. 갯과 동물들이 무리를 이루고 살아온 그때부터 시작된 근성, 여러분 반려견의 아주 먼 조상들로부터 이어져 온 그 지독한 '무리근성'에 의해 함께 살지 않는 모든 개들은 '적'이 됩니다. 제아무리 여러분의 가정에서 혼자서만 개로 살아가고 있을지라도 집 밖에서 접하게 되는 동족들을 친구나 협력자로 받아들이지 않습니다.

포식동물로부터 안전이 확보된 삶을 살고 있는 반려견들이 왜 아직도 '램수면'에서 벗어나지 못하고, 왜 온종일 스트레스를 입고 살아가는지가 설명되었으며 그로 인해 램수면에 관여하는 DNA가 인간처럼 변이되지 못함도 짐작할 수 있습니다. 결국, 반려견들은 다른 개들로 인해 집과 밖에서 긴장과 불안이라는 스트레스를 받게 되고, 그 스트레스는 동네 곳곳에 수를 알 수 없을 정도로 포진되어 있는 동족들로부터 자신의 안전을 지키기 위한 끊임없는 생존활동의 부산물입니다. 이게 개들의 진짜 삶입니다.

휴식을 취하지 못하는 데에는 가족과의 유착에 의한 무리근성의 발달과 그에 따른 높은 수준의 방어본능이 영향을 끼치고, 휴식을 취하지 못하는 문제와 짖고, 물고, 싸우고, 불안해하는 등의 행동문제는 서로 상호작용합니다. 그렇기 때문에 하나하나의 문제행동을 완화시키는 것이 반려견의 활동시간에 스트레스를 완화시켜 주는 것이고, 그 영향으로 수면의 질은 높아지게 됩니다.

가족과의 유착은 무리근성을 높이고 높아진 무리근성에 의해 방어본능도 높아집니다. 그렇다면 이 두 가지는 하나인 것이고, 결국 가족과 반려견 간 유착도를 낮춰 가는 것이 무리근성을 약화시키고 방어본능을 줄여 주는 방법입니다.

반려견의 휴식이 있는 삶을 위해 집 안에서 여러분들이 해야 할 다음의
제안들을 실천해 주세요!

① 집 안에서 반려견을 신나게 움직이도록 부추기지 마세요! 정신을 쉬지
  못하게 하고, 정신 자립을 방해합니다.

② 자고 있는 반려견에게 다가가 말을 걸거나, 만지지 마세요! 수면 상태
  에서는 가족의 접촉도 긴장을 일으킵니다.

③ 집 안에서 간식이나 장난감을 이용한 놀이 형태의 훈련을 가르치지 마
  세요! 가족에 대한 밀착도를 높이고 자립도를 떨어뜨립니다. 놀이는 집
  밖에서 하는 게 좋습니다.

④ 반려견이 쉬고 있을 때 이름을 부르지 마세요! 이름을 부를 때마다 휴
  식을 방해하고 흥분자극을 기대하게 하므로, 주고받을 일이 있다면 일
  어나 움직일 때 하세요!

⑤ 간식이나 사료를 꺼내 먹도록 만들어진 장난감이나 도구들 중 반려견
  을 급하게 만드는 것들은 사용하지 마세요! 조급하고 흥분되는 활동으
  로 변질될 가능성이 높습니다.

⑥ 개나 동물이 출연하는 TV 프로그램이나 영상을 보게 하지 마세요! 친구
  들이 아닌, 집 안까지 침입한 적과 동물을 상대하도록 만드는 일입니다.

위의 제안들은 어린 강아지의 경우 입양 후부터 최소 만 8개월령까지 지켜 내는 것이 좋고, 다 자란 성견이라면 3~5개월간 지속하는 게 효과적입니다. 그 기간 이후에는 참아 왔던 접촉과 애정 표현을 늘려 가거나 장난을 부추겨도 아무런 상관이 없습니다.

다음 주제 **'다른 무리와의 불필요한 접촉을 피하라'**에서는 집 외부에서 다른 개들에 대한 스트레스 자극을 어떻게 완화시켜 가야 하는지를 설명하고 있습니다. 심리적 안정을 통한 이완된 삶과 휴식의 제공을 위해 깊이 고민해 주기를 당부 드립니다.

무엇이 개를 힘들게 하는가!

다른 무리와의 불필요한 접촉을 피하라

이 책의 본문 첫 부분인 **'Chapter 1'**의 **'인간은 '가족'을 원하고 개는 '무리'를 원한다'**에서는 인간과 개의 사회적 관계에 대한 관념적 차이를 설명하였습니다.

개들은 친구 사귀기를 좋아하지 않습니다! 더 정확히 말해 사춘기 이후의 무리를 이룬 개는 친구를 사귈 수 없는 동물입니다. 개들은 무리 외의 다른 개들과 사회적 관계를 맺지 않기 때문에 개를 사람처럼 사회화시킨다는 것은 이론적으로 불가능한 일입니다. 개들에게 인간처럼 사회에 나가 새로운 관계를 만들고 활동하라 가르칠 수는 없기 때문입니다.

낯선 개들이 있는 곳에서 얼굴과 꼬리, 몸을 긴장시키지 않고 이완된 상태를 보이는 개들은 매우 드뭅니다. 그런 상황에서 위축도 경직도 없이 행동하려면 다른 개에 대한 경계심이 일어나지 않아야 하는데, 만약 그런 개가 있다면 그 개는 자신에 찬 주도적인 사람과 살아가는 개입니다.

여러분의 반려견이 강아지운동장이나 다른 개들이 모여 있는 곳에서 어울리지 못하고 겁먹거나 과민한 짖음과 공격성을 드러낸다 하여 속상해하지는 마세요! 사실, 그 안에서 괜찮은 척 버티는 개들보다 그런 환경에 적응하지 못해 데려가지 않는 개들의 숫자가 월등히 많습니다. 여러분의 반려견만 그런 게 아닙니다.

애견카페나 유치원에 데리고 갔을 때 겁먹고 부들부들 떨고 있는 반려견을 보면 어떤 생각이 드는가요? 어려서부터 다른 개를 많이 만나지 못해 사회성이 결여된 것으로 생각하지는 않습니까? 그 생각은 틀렸습니다. 어릴 때 다른 개를 만난 경험이 없어 어울리지 못하는 게 아니라, 다른 무리의 영역에 들어갔기 때문에 도망가려 하거나, 숨거나, 방어적인 짖음을 나타내는 것입니다. 개들이 낯선 무리의 개들에게 에워싸였을 때 나타내는 자연스러운 생존전략입니다.

사람에게 사회성이란, 가족이 아닌 사회적 관계 내에서의 교류를 의미하지만, 개들에게 필요한 사회성이란, 상대를 의식하지 않음으로써 위축되지 않는 심리 상태입니다, 집 밖에서 맞닥뜨리는 자동차, 오토바이, 자전거 등의 이동수단과 낯선 개와 사람에게 두려움과 긴장을 일으키지 않고 지나칠 수 있는 평정심을 함양하는 것이 바로 개들의 '사회화'입니다.

무작정 반복적으로 노출시킨다 하여 사회성이 발달되는 것이 아님을 알아야 합니다. 인간을 포함한 대부분의 동물은 어린 시기에 사회화 과정을 겪게 되는데, 이 사회화는 스스로 학습하는 것과 누군가의 조력을 통해 습득되는 것으로 나뉩니다. 대상을 파악하고 대처하는 것은 스스로 학습하는 것이고, 잘못된 판단이나 선택을 제어해 가르쳐 주는 것은 성체에 의해 배우는 것입니다.

그러므로, 개들의 '사춘기'라 볼 수 있는 최소 만 4개월부터 최대 만 10개월 사이의 기간 동안 다른 개들과의 신체 접촉을 삼가고, 한 공간 안에서 머물게 하는 것과 다른 개의 마킹에 집착하는 일들이 일어나지 않도록 신경 써야 합니다. 이 시기에 다른 개들을 접촉시키는 일은 다른 무리의 어른개들에게 노출시키는 것이고, 다른 개들이 머무는 공간에 데려가는 것은 거대한 외부 무리 안에 여러분의 강아지가 감금되어 있게 만드는 것입니다.

길에서 만나는 낯선 개는 여러분의 개가 가족의 대장이듯, 그 가정의 대장일 가능성이 높습니다. 무리를 이끄는 대장과 대장이 만나면 무엇을 해야 할까요? 상대 무리의 대장을 위협해 그 영역에서 쫓아내는 일입니다. 대장으로서 무리의 안전을 지켜 내기 위해 할 수 있는 최선의 행위가 전투적으로 대항하는 것입니다. 짖고 싸우지 않는 반려견이라 해서 다른 개에 대한 적개심을 가지지 않는 건 아닙니다. 다른 개를 발견하고는 움찔거리거나, 도망가려 하거나, 눈치 보거나, 급하게 다가가 보려는 모든 행동이 이미 두렵고 부담스럽다는 표현입니다.

다시 한번 강조하지만, 개들은 낯선 개를 좋아하지 않습니다. 낯선 사람도 좋아하지 않습니다. 길에서 만난 다른 개에게 다가가려 한다 해서 그 개를 반가워한다고 생각하지 마세요! 불안하다는 뜻입니다. 길 가는 사람이 강아지가 예쁘다며 다가왔을 때 친한 척하는 행동이 낯선 사람을 좋아해서라 착각하지 마세요! 개는 처음 보는 낯선 사람마저 좋아할 만큼 인간에게 종속된 동물이 아닙니다. 이 모든 행동들은 무섭고, 불안하고, 부담스럽다는 표현입니다. 이런 행동을 보이는 개라면 머지않아 관심을 보이는 대상들을 향해 짖게 될 확률이 높습니다.

반려견들은 산책길에서 만나는 모든 개들에게 똑같은 반응을 보이지 않습니다. 줄을 끌어당기거나 우왕좌왕하며 걷거나 열심히 마킹하면서 다가오는 개와 조우할 때와 줄 당김도 없고 급하지도 않게 천천히 걸어오는 개를 마주칠 때의 행동 차이를 생각해 보세요! 급하게 다가오는 개는 발견하자마자 긴장이 유발되어 몸이 경직되거나 흥분하거나, 짖게 되지만, 천천히 걸어오는 개는 바로 옆을 걸어가도 무관심하게 지나칩니다. 낯선 무리의 대장을 만날 때와 대장이 아닌 개를 만날 때의 차이입니다.

청소년기에 있는 반려견을 낯선 개와 어울리게 하지 마세요! 사춘기 동안 '무관심의 사회화'를 가르치지 못하고 지나왔다면 집 밖에서 만나는 개들을 상대로 문제행동을 나타내고 있을 확률이 높습니다. 낯선 개들끼리 친구 맺고 싶어 할 거라는 생각에 이끌려 '무관심의 사회화'를 포기하지 마세요! 집 밖에서 만나는 다른 개들로 인해 집 안에서의 짖음이 강화되고, 분리불안을 겪게 되며, 산책이 불가능할 정도의 배타적 짖음이 만들어질 수 있습니다.

산책길과 공원에서 만난 개는 그냥 지나가는 개이니 신경 쓸 필요 없다고 가르쳐야 합니다. 여러분이 어린 자녀를 데리고 산책하거나 공원을 걸을 때처럼 말입니다. 다른 개들을 의식하지 않도록 만들어 주는 일은 반려견들이 다른 개를 싫어하도록 만드는 게 아니라, 다른 개와 어울릴 수 있도록 준비시켜 주는 일이라는 점을 기억하십시요!

다른 개에 대한 불안과 긴장을 완화시켜 내기 위해 **'Chapter 8'**의 **'탐색**

무엇이 개를 힘들게 하는가!

(산책)을 주도하라(탐색주도권)'의 주도권 확보 방법의 실행과 함께 다음에 제안되는 내용들을 실천해 주십시오!

① 길에서 만나는 낯선 개들과 인사시키지 마세요, 접촉거리 안에서 오래 머물지 않는 게 좋고, 접촉이 일어나는 상황에서는 태연히 데리고 이동함으로써 신경 쓰지 않게 해 주어야 합니다. 집 안에서 주도성이 높은 반려견일수록 산책에서 만나게 되는 개들과의 간격을 넓혀 주는 것이 좋습니다. 다른 개들을 편안하게 지나칠 수 있을 때 접촉시켜야 합니다.

② 다른 개들이 출입하거나 머물고 있는 공간에 데려가는 걸 주의하세요! 이런 곳에 데려가려면 다른 개를 상대할 때의 안정감이 매우 높아야 합니다. 그런 일이 반복되면 분리불안이나 산책 짖음 등의 문제행동이 나타나게 되므로 주도권 교육을 마무리한 후 데려가는 게 좋습니다. 무턱대고 데리고 가면 사회성은 발달되기보다 저하될 가능성이 높습니다.

③ 산책길에서 만난 다른 개에게 짖거나 두려워하거나 급한 흥분을 일으키는 반려견이라면 애견카페나 애견유치원, 애견운동장에 데려가는 걸 당분간 중단하세요! 다른 개에 대한 배타성이 높아져 산책이 한층 더 힘들어질 수도 있습니다. 그런 곳을 자주 방문한다 해서 문제가 해결되기는 어려우므로, 산책길에서 다른 개를 의식하지 않도록 가르친 후 데려가야 합니다.

④ 개를 기르는 친구나 지인의 집에 데려가거나, 그들이 자기 반려견을 데

리고 여러분의 집에 놀러오게 하지 마세요! 친구를 사귀게 해 주고 싶겠지만, 대부분의 경우 한정된 공간에서의 무리와 무리가 만난 충돌상황이 됩니다. 이런 일을 겪게 되면, 자신의 집도 다른 개들의 침입으로부터 안전하지 못하다는 생각을 하게 되므로, 여러분이 주도권을 확보한 후 해야 합니다.

⑤ 산책에서 불안과 긴장, 초조함이 높게 나타나는 반려견이라면 많은 개들이 산책 나오는 공원에 데려가거나 집에서 먼 곳까지 산책시키지 마세요! 넓은 구역을 탐색하는 일은 더 많은 낯선 무리의 영역으로 들어가도록 하는 것이므로, 불안과 긴장이 완화될 때까지는 편도 5~10분 이내의 범위에서만 산책시킴으로써 다른 무리와 맞닥뜨리게 될 확률을 낮춰 줘야 합니다.

집과 산책길에서 최대한 느리게 대하라

흔히 문제 많은 반려견을 '진상견'이라 부릅니다. 여러분은 혹시 진상견이 어떤 가정에서 많이 나타나는지 알고 계신가요? 짖음, 분리불안, 공격성을 모두 가지고 있다면 '진상견'으로 분류되는데 이 3가지 문제행동은 초등학생 이하의 어린아이가 둘 이상 있는 가정에서 가장 많이 나타나고, 그다음으로는 어린아이 한 명이 있거나, 성격이 아주 조급하고 불안정한 어른이 있는 가정입니다. 조급하고 불안정한 어른이란, 말이 급하고 행동이 부산스러운 사람을 의미합니다.

양육자는 반려견의 '거울'입니다. 반려견이 끝도 없이 어린 강아지의 행동을 하고 있다면, 양육자가 그러한 행동을 보여 줘 온 것이고, 집 안에서 차분히 쉬기보다 안절부절못하거나 온갖 저지레를 한다면 반려견의 불안정을 부추길 행동과 모습을 보여 왔기 때문입니다. 별것도 아닌 일에 호들갑스럽게 행동했다면, 반려견 역시 별것도 아닌 것들에 과잉반응하게 됩니다.

이런 가정에서 다수의 문제행동을 가진 개들이 만들어지는 이유는 행동이 빠르고 말이 빠른 사람들 사이에서 반려견도 덩달아 예민해지고 불안정해지기 때문입니다. 언뜻 생각할 때, 어린아이들이 강아지와 잘 놀아 주고 동생처럼 대하면 사회적인 개로 성장할 것 같지만, 오히려 어린아이들을 어린 강아지처럼 대하면서 자기주도적으로 성장해 갈 확률이 높아집니다.

매사에 진중하고 차분한 사람의 반려견은 덩달아 차분하고 안정적으로 생활합니다. 제아무리 문제행동이 잘 나타나는 견종의 개를 기를지라도 다음의 두 가지 특성을 가진 가정에서는 '진상견'이 아닌, '천사견'으로 살아갈 확률이 높습니다.

첫 번째는 말이 느리고 많지 않으며, 행동이 차분한 가정입니다. 두 번째는 입양 초기부터 사람의 음식 훔쳐 먹기, 귀찮게 매달리거나 물어 당기기, 요구하듯 짖기, 집 안 물어뜯기, 정신없이 뛰어다니기 등의 행동에 매우 단호하게 호통쳐 잘못된 행동임을 가르쳐 온 가정입니다.

느리게 걷고 느리게 행동하는 노인분들이 기르는 개가 차분하고 안정적이라는 건 누구나 알고 있습니다. 그분들이 강아지의 잘못된 행동을 야단까지 친다면 법 없이도 살 수 있는 반려견이 탄생합니다.

어떤 반려인들은 "집 안에서 어떻게 놀아 주는 게 좋은가요?"라는 질문을 합니다. 집 안에서는 놀아 주면 안 됩니다. 개들에게 놀이는 있어도 놀아 주는 어른은 없다는 점을 기억해야 합니다. 놀이를 하고 싶다면 활동 공간인 공원이나 산책길에서 해야 합니다. 집은 놀이공간이 아닌, 휴식공간입니다.

저와 행동교육을 상담하는 반려인들 중에는 "산책 나가 반려견과 신나게 달려도 되나요?"라거나, "넓은 공원에서 마음껏 달리도록 해 줘도 되나요?"라는 질문을 하는 분들이 많습니다. 여러분의 반려견이 산책길에서 천천히 여유롭게 걸을 줄 아는 개라면 기분에 따라 함께 달려도 되고 넓은 공원이나 공터에서 치타처럼 뛰어다녀도 됩니다. 몸의 운동성을 유지시키고 타고난 신체능력을 뽐내는 일은 긍정적 자극을 주기 때문입니다.

무엇이 개를 힘들게 하는가!

하지만, 길에서조차 빠르게 걷고 우왕좌왕하는 반려견을 달리고 뛰게 하는 건 산책 때의 걸음걸이조차 더 빠르고 불안정하게 만듭니다.

그러므로, 여러분의 반려견을 위해 달려 주고 싶고, 원하는 만큼 뛰어놀게 해 주고 싶어도 먼저 가르쳐야 할 일은 '느리게 걷는 것'입니다. 느리게 걷지 못하는 개의 마음은 불안하고 혼란스럽습니다. 느리게 걷는 개는 근심, 걱정 없이 돌아다니는 개입니다.

그러므로, 집과 밖에서 반려견의 마음을 편안하고 여유 있게 유지하기 위한 다음의 제안들을 지켜 주세요! 아마 얼마 지나지 않아 "왜 이렇게 해오지 않았을까?!" 하고 자신을 탓하게 될 겁니다.

집에서 해야 할 일

① 반려견에게 말을 걸 땐 느린 저음으로 단조롭게 전달해야 합니다. 아기를 대하는 듯한 높고 부드러운 굴곡진 말투는 반려견의 유아기행동을 자극하여 빠르게 움직이도록 만듭니다.

② 가족과 대화를 할 때 지나치게 장난스럽거나 소리를 높여 이야기하지 마세요! 반려견이 볼 때 심한 장난을 치거나 문제가 생겼다 여겨 흥분과 긴장이 일어나게 됩니다.

③ 집 안에서 뛰거나 빠르게 걸어 다니지 마세요! 은신처에서 빠르게 움직

이게 되면 어른이 아닌, 어린 존재로 인식하게 되어 반려견이 가족의 대표로 성장하게 될 확률이 높아집니다.

④ 빗질, 목욕, 드라이 등 기본적인 케어를 할 때 말을 많이 걸거나 빠르게 시도하지 마세요! 어린 존재가 자신의 몸을 제어한다 여겨 공격성이 만들어질 가능성을 높입니다. 말없이 느리고 태연하게 빗고 씻기고 말리기를 해야 합니다.

산책에서 해야 할 일

① 집을 나설 때와 산책 후 집 근처에 다다랐을 때 최대한 느리게 걸으세요! 이 두 상황에서 반려견의 흥분과 불안은 매우 높으므로 30분 동안의 산책일 경우 산책을 시작할 때 5분, 산책을 마무리하기 전 5분 정도, 1시간 동안의 산책일 경우 시작할 때 10분, 마무리하기 전 10분 정도 아주 느리고 태연하게 걷도록 습관을 들여야 합니다. 반려견의 산책불안은 이 두 상황에서의 흥분에 의해 더 높아집니다.

② 수시로 정지하세요! 산책을 나왔다 해서 계속 걷기만 한다면 반려견은 정지하는 걸 어려워하게 됩니다. 30분의 산책이라면 그 안에 5~10번 정도의 정지가 필요하며, 최소 3초 이상의 정지 상태를 유지하는 게 좋습니다. 반려견을 앉힐 수 있다면 정지는 더 완벽한 상태가 됩니다.

③ 산책 중 흥분을 부추기는 말과 행동을 하지 마세요! 개들도 사색하듯

무엇이 개를 힘들게 하는가!

걸을 수 있는 동물입니다. 여러분이 흥분을 부추기면 반려견의 사색적인 산책 기회를 빼앗는 것입니다.

④ 집에 돌아와 발을 닦아 주거나, 씻길 때 많은 말을 건네거나 기분을 좋게 하려 부추기지 마세요! 집에 돌아왔을 때 집 안을 달리거나 흥분된 모습을 보인다면 바깥에서의 불안이 매우 높았다는 뜻입니다. 그 상황에서 반려견에게 말을 걸거나 기분 좋게 하려는 시도는 바깥에서의 불안을 기억하도록 만듭니다.

개들이 훈련사를 만만하게 보지 못하는 이유가 있습니다. 어떤 사람들은 '기(氣)'가 강해 꼼짝 못 한다 말하지만, 인간에게 그럴 정도의 '기'는 존재하지 않습니다. '기'란, 당당함과 자신 있음을 뜻하는 것이지, 뿜어져 나오는 아우라가 아닙니다. 훈련사들이 개들에게 만만히 보이지 않는 이유는 개를 의식하지 않기 때문입니다. 솔직히 말하면, 의식하지 않는 척하기 때문입니다.

의식하지 않는다는 건 상대의 일거수일투족에 반응하지 않는 태연자약함을 말합니다. 상대의 움직임에 빠르게 대응하지 않고, 매사 느긋함을 유지하는 것이 상대를 의식하지 않는 모습입니다. 이런 이유로 개들이 훈련사들과 있을 때 차분해지는 것입니다. 많은 개들을 접해 왔고, 많은 개들을 훈련시켜 온 훈련사일수록 개들을 의식하지 않습니다.

느림은 모든 군집동물의 은거지 내에서의 행동특성입니다. 사람과 살아가는 집은 은거지의 핵심부인 '은신처'입니다. 은거지는 놀이터가 아닌, 몸과 마음을 이완시키는 휴식처여야 합니다. 집 안에서 빠르게 말하고 움직이지 않아야 하는 이유는 여러분이 먼저 휴식을 취하고 있음을 보여 줘야 반려견도 집이 휴식하는 곳임을 알게 되어 뛰고 매달리고, 물어뜯지 않게 되기 때문입니다. 반려견이 집 안에서 가족들에게 집착하고 쉬지 못하는 일이 현저히 줄어들 때까지 호들갑스럽고 조급한 행동을 줄여가야 합니다.

느림은 힘입니다! 인간이나 개나 공동체 내에서 진중하게 움직이는 존재는 무시받지 않습니다. 다른 존재들을 의식하지 않는 태연함이야말로 강하고 자신 있는 리더개의 자질입니다. 반려견에게 그런 존재가 되십시오!

무엇이 개를 힘들게 하는가!

유아기 행동을 멈추고 어른 대 어른으로 상대하라

반려견을 돌보는 사람 누구도 반려견보다 더 늦게 태어난 사람은 없습니다. 하지만, 반려견보다 더 어른스럽게 비춰지는 사람은 매우 드뭅니다. 반려가족이 반려견에게 어른으로 인식되는 일은 개가 가족과 경쟁하지 않고, 가족에 앞서 집을 지키거나, 외부 공간에서 다른 존재들에게 긴장하고 짖고 위협하지 않도록 해 주는 최우선의 조치입니다.

인간을 포함한 어떤 동물도 어른의 이끎 없이 온전한 성체로 성장할 수 없습니다. 어미를 통해 어른이 되어야 할 강아지들이 어미 대신 여러분의 손에 자라게 되었더라도, 그들에게는 어른이 될 권리가 있지 않은가요? 여러분 반려견도 어른이 될 권리가 있다면 여러분이 먼저 삶을 이끌어 줄 어른이 되어야 합니다.

이끌어 줄 어른 없이 성장하게 되면, 반려견은 성체도 강아지도 아닌 중간의 정신 상태로 살아가게 될 겁니다. 자연에서 살아가는 성체들이 하지 않는 유아기 행동과 반복되는 놀이행동이 사람과 살아가는 반려견들에게서 끊임없이 나타나는 이유가 바로 거기에 있습니다.

'Chapter 2. 개의 생각은 당신의 생각과 다르다'에서 다뤄진 모든 내용은 여러분이 반려견에게 하는 말과 행동이 어른이 아닌, 어린 존재로 인식되는 이유와 그로 인해 파생되는 문제에 관해 설명하고 있습니다. 이렇듯, 가족 구성원들이 반려견에게 어른으로 인식되는 일은 반려생활과 반려견의 삶에 매우 큰 영향을 끼칩니다.

 강아지가 처음 입양되었을 때부터 가족 모두가 어른스럽게 대해 왔다면, 정신적·심리적 문제에서 자유로울 확률이 높습니다. 강아지 훈육 시기에 퍼피트레이닝은 사람이 어른으로 인식되도록 가르치는 과정이기 때문에 '행동기반교육'에서는 강아지를 훈육하는 어미나 어른개들의 행동을 모방할 뿐 아기를 대하는 듯한 놀이 형태의 교육방식이나 개념들을 끌어들이지 않습니다.

 다 자란 성견을 기르는 가정에서 겪는 행동문제들은 단 하나의 원인에 의해 만들어진 것입니다. 바로, 가족구성원들이 강아지에게 어른이 아닌, 어린 존재 또는 미성숙한 존재로 행동해 온 탓입니다. 그러므로 이제 반려견의 심신 이완과 문제행동에서의 해방을 위해 여러분에게 마지막으로 당부 드리는 것은 여러분이 어른스럽게 행동함으로써 반려견도 어른스럽게 행동하도록 가르쳐야 한다는 것입니다.

 훈육 시기에 있는 어린 강아지나, 문제행동으로 힘든 생활을 하고 있는 반려견이라면 집과 외부 공간에서 안정적으로 행동할 때까지만 아래에 제안되는 내용들을 일관성 있게 지켜 보세요! 까불이, 껌딱지에서 침착한 어른으로 변화하는 과정을 보게 될 겁니다.

① 태어난 지 만 4개월이 지난 반려견을 '아기'라고 여기지 마세요! '아기야!'라고 부르는 간드러진 말투 때문에 여러분은 어른이 아닌, 어린

무엇이 개를 힘들게 하는가!

존재로 여겨집니다. 강아지가 5개월 가까이 성장하게 되면 이미 강아지가 아닌 청소년이 된 것이므로, 여러분은 청소년을 이끌 수 있을 만한 어른의 목소리와 말투를 들려 줘야 합니다.

② 건강상 문제가 없거나, 위험한 상황이 아니라면, 안고 다니지 마세요! **'Chapter 7'**의 **'예뻐하면 문제견이 되는 딜레마, 4대 접촉을 줄여라'**에서도 접촉의 문제점에 관해 강조하였지만, 집 안이나 산책로, 외부 공간에서 반려견을 안고 있는 행동은 정신이 어른으로 성장하는 걸 방해합니다. 반려견은 공중에 떠다니는 새가 아니라, 땅을 밟음으로써 세상을 익혀 가는 사족보행 동물입니다.

③ 재롱에 가까운 것들을 가르치거나 부추기지 마세요! 다 큰 어른에게 '손 주기', '빵야!', '주세요!', '장난감 물어 오기' 같은 걸 가르치거나, 반려견의 특이한 행동을 재미있어하면서 더 반복하도록 부추기지 마세요! 어른개들에게는 가르칠 만하지도 않고, 가르칠 의미도 없는 것들입니다.

④ 왕자나 공주님으로 보이도록 꾸미고 치장하지 마세요! 강아지 옷걸이에 각양각색의 옷이 많이 걸려 있는 가정일수록 어린 공주님으로 여기고 있을 가능성이 높고 어른스럽지 못한 행동을 주고받을 가능성이 다분합니다. 옷을 입혀야 한다면, 추위를 막아 줄 심플한 디자인의 옷을 입히고, 귀염둥이 콘셉트로 치장하지 말아야 합니다. 여러분이 먼저 어른으로 대해 줘야 합니다.

⑤ 잘못된 행동을 꾸짖는 데 주저하지 마세요! 집 안에서 가족을 귀찮게 하거나 막무가내로 행동한다면 단호하게 꾸짖어야 합니다. 아기가 아닌, 청소년이나 어른이 여러분에게 그렇게 행동한다 생각하고 불쾌감을 전달해야 합니다. 덩치가 작고 하는 행동이 발랄하다 해서 '어리니까 봐준다'는 식의 생각을 하지 마세요! 그건 '방심'이 아니라 '방임'입니다, 방임의 대가는 여러분의 삶보다 반려견의 삶에 더 큰 곤란을 겪게 합니다.

무엇이 개를 힘들게 하는가!

책을 마무리하며…

이 책을 끝까지 읽어 주신 분들께 깊이 감사드립니다. 이제 마지막으로 당부의 말을 전하며 이 책을 마무리하려 합니다. 저는 개라는 존재들을 인간 세상에 끌어들인 한 사람으로서 미안한 마음을 전하고 그들의 삶이 좀 더 나아지기를 갈망하며 이 책을 써 왔습니다.

20년도 안 될 짧은 시간을 살다 가는 반려견들이 20년 가까이 짖고, 물고, 불안해하고, 싸우며 살아간다면 20년은 지나치게 긴 고통의 시간입니다.

반려견들이 겪고 있는 내면의 힘듦은 감춰 놓고 '사랑한다', '행복하다' 말하는 건 너무나도 부끄럽습니다.

개들의 정신을 건강하게 만들고 근심, 걱정 없이 살아가도록 도와주는 일은 우리가 개들을 친구로 삼아 온 오랜 역사의 결실을 맺는 일입니다. 그것을 이루지 못하고 짖음과, 불안, 공격행동의 새장 속에 가둬 두는 일은 개를 우리 삶에 끌어들이고도 '행복'이란 목표를 마무리 짓지 못한 '실패'입니다.

반려인 여러분, 개들과의 행복 쟁취를 위한 여정에서 실패자가 되지 마십시오! 그래야만 개를 인간 세상에 끌어들인 우리의 원죄가 속죄됩니다.
미련 없고 후회 없는 반려생활 되시기를 진심으로 기원합니다.

무엇이 개를 힘들게 하는가!

ⓒ 권기진, 2023

초판 1쇄 발행 2023년 3월 30일
　　 2쇄 발행 2024년 3월 18일

지은이　 권기진
펴낸이　 이기봉
편집　　 좋은땅 편집팀
펴낸곳　 도서출판 좋은땅
주소　　 서울특별시 마포구 양화로12길 26 지월드빌딩 (서교동 395-7)
전화　　 02)374-8616~7
팩스　　 02)374-8614
이메일　 gworldbook@naver.com
홈페이지　www.g-world.co.kr

ISBN　 979-11-388-1736-3 (03520)